城市地下空间开发与利用关键技术丛书
中国铁建股份有限公司　雷升祥　总主编

国家重点研发计划项目　编号：2018YFC0808700 2018YFB2100900 2019YFC0605100

DEVELOPMENT AND UTILIZATION OF UNDERGROUND SPACE

城市地下空间开发与利用

雷升祥　编著

人民交通出版社股份有限公司
北　京

序 一

INTRODUCTION

地下空间开发与利用是生态文明建设的重要组成部分，是人类社会和城市发展的必然趋势。城市地下空间开发与利用是解决交通拥堵、土地资源紧张、拓展城市空间和缓解环境恶化的最有效途径，也是人类社会和经济实现可持续发展、建设资源节约型和环境友好型社会的重要举措。

我国地下交通、地下商业、综合管廊及市政设施在内的城市地下空间开发，近年来取得了快速发展。建设规模日趋庞大，重大工程不断增多，技术水平不断提升，前瞻性构想也在不断提出。同时，在城市地下空间开发与利用及技术支撑方面，也不断出现新的问题，面临着新的挑战，需通过创新性方式来破解。针对地下工程中的科学问题和关键技术问题系统开展研究和突破，对于推动城市地下空间建造技术不断创新发展至关重要。

在此背景下，中国铁建股份有限公司雷升祥总工程师牵头，依托“四个面向”的“城市地下大空间安全施工关键技术研究”“城市地下基础设施运行综合监测关键技术研究与示范”和“城市地下空间精细探测技术与开发利用研究示范”三个国家重点研发计划项目，梳理并提出重大科学问题和关键技术问题，系统性地开展了科学研究，形成了城市地下大空间与深部空间开发的全要素探测、规划设计、安全建造、智能监测、智慧运维等关键技术。

基于研究成果和工程实践，雷升祥总工程师组织编写了“城市地下空间开发与利用关键技术丛书”。这套丛书既反映先进发展理念，又有关键技术及装备应用的阐述，展示了中国铁建股份有限公司在城市地下空间开发与利用领域的诸多突破性成果、先进做法与典型工程案例，相信对我国城市地下空间领域的安全、有序、高效发展，将起到重要的积极推动作用。

深圳大学土木与交通工程学院院长
中国工程院院士
2021 年 6 月

序二

INTRODUCTION

2017年3月5日，习近平总书记在参加十二届全国人大五次会议上海代表团审议时指出，城市管理应该像绣花一样精细。中国铁建股份有限公司深入贯彻落实总书记的重要指示精神，全力打造城市地下空间第一品牌。2018年以来，中国铁建先后牵头承担了“城市地下大空间安全施工关键技术研究”“城市地下基础设施运行综合监测关键技术研究与示范”“城市地下空间精细探测技术与开发利用研究示范”三项国家重点研发计划项目，均为“十三五”期间城市地下空间领域的典型科研项目。为此，中国铁建组建了城市地下空间研究团队，开展产、学、研、用广泛合作，提出了“人本地下、绿色地下、韧性地下、智慧地下、透明地下、法制地下”的建设新理念，努力推动我国城市地下空间集约高效开发与利用，建设美好城市，创造美好生活。

在城市地下空间开发领域，我们坚持问题导向、需求导向、目标导向，通过理论创新、技术研究、专利布局、示范应用，建立了包括城市地下大空间、城市地下空间网络化拓建、深部空间开发在内的全要素探测、规划设计、安全建造、智能监测、智慧运维等成套技术体系，授权了一大批发明专利，形成了系列技术标准和工法，对解决传统城市地下空间开发与利用中的痛点问题，人民群众对美好生活向往的热点问题，系统提升我国城市地下空间建造品质与安全建造、运维水平，促进行业技术进步具有重要的意义。

基于研究成果，我们组织编写了这套“城市地下空间开发与利用关键技术丛书”，旨在从开发理念、规划设计、风险管控、工艺工法、关键技术以及典型工程案例等不同侧面，对城市地下空间开发与利用的相关科学和技术问题进行全面介绍。本丛书共有 8 册：

1.《城市地下空间开发与利用》

2.《城市地下空间更新改造网络化拓建关键技术》

3.《城市地下空间网络化拓建工程案例解析》

4.《城市地下大空间施工安全风险评估》

5.《管幕预筑一体化结构安全建造技术》

6.《日本地下空间考察与分析》

7.《城市地下空间民防工程规划设计研究》

8.《未来城市地下空间发展理念——绿色、人本、智慧、韧性、网络化》

这套丛书既是国家重大科研项目的成果总结，也是中国铁建大量城市地下空间工程实践的总结。我们力求理论联系实际，在实践中总结提炼升华。衷心希望这套丛书可为从事城市地下空间开发与利用的研究者、建设者和决策者提供参考，供高等院校相关专业的师生学习借鉴。丛书观点只是一家之言，限于水平，可能挂一漏万，甚至有误，对不足之处，敬请同行批评指正。

雷升祥

2021 年 6 月

前言 FOREWORDS

纵观世界城市发展进程，向地下要空间、要资源已经成为 21 世纪城市发展的必然趋势。随着我国经济持续发展和城镇化进程推进，城市居住人口急剧增加，城市中心区建筑密度增大，交通拥堵、环境污染、资源短缺、房价高企、城市特色风貌丧失等“城市病”日益突出。推进地上地下统筹规划、协同发展，科学引导我国城市可持续发展，是建设和谐社会、不断满足人民对美好生活向往的必然选择。

当前，我国是世界上城市地下空间开发速度最快、规模最大、技术最复杂的国家，但主要集中在 50m 以浅，且存在着规划落后于城市建设实践、连通性及系统性不足等诸多问题，地下空间开发与利用水平有待进一步提升。在国家创新驱动发展战略引领下，城市地下空间建设由“功能为主”向“创新、协调、绿色、开放、共享”的全新建设理念转变，迫切需要规范 50m 以浅空间开发、拓展 50m 以深空间资源。建设多维度、网络化、深层次的城市地下空间，是提高城市土地利用效率、扩充基础设施容量、解决“城市病”、改善城市生态、提高城市防灾减灾能力、保护城市特色风貌的有效途径。

中国铁建长期专注这一领域，坚持走创新驱动发展之路，承担了一大批国家级科研项目。“十三五”期间，中国铁建牵头承担了“城市地下大空间安全施工关键技术研究”“城市地下基础设施运行综合监测关键技术研究与示范”“城市地下空间精细探测技术与开发利用研究示范”3 个与城市地下空间相关的国家重点研发计划项目。中国铁建已迈步踏上了“品质铁建”新征程，积极响应国家战略，着眼建立城市地下立体开发新模式，打造一流品牌。

我们基于对城市地下空间开发与利用的思考，总结中国铁建在城市地下空间领域的工程实践经验，结合国家重点研发计划项目研究成果，针对城市 50m 以浅及 50~200m 深部地下空间开发与利用，在深入分析地下空间特性、发展趋势及应用场景的基础上，系统展示地下空间开发理念、开发模式、建造技术、品质评价、地下装备等成果，提出城市地下空间开发与利用系统解决方案，并对超深地下空间开发与利用进行了思考与布局，提出了科技攻关计划。

在本书的编写过程中，丁正全、邹春华、黄双林等人参与了编写，许和平、朱丹、李国良、朱永全、谢雄耀、陈志敏、吴煊鹏、彭正阳、黄明利、陈健、尹龙颜、王洪坤等专家和技术人员提供了审稿意见和帮助，谨此表示诚挚的感谢。

衷心希望本书的出版能够助力我国城市地下空间领域的健康、高效、有序发展。由于本人水平有限，书中难免有疏漏之处，敬请广大读者批评指正。

作　者

2021 年 6 月

目录 CONTENTS

宾馆
中央大道海河隧道

01 绪论

INTRODUCTION

DEVELOPMENT AND UTILIZATION OF UNDERGROUND SPACE

01

当前，地下空间开发已成为解决城市建设用地紧张和交通拥堵等“城市病”的有效途径。我国城市地下空间发展速度领先世界，多数集中在地下 50m 以浅，且多以地下交通开发为主。随着我国城镇化的快速推进，城市中心区建筑密度加大，城区土地包括地下浅层空间资源已严重短缺，开发 50 ～ 200m 深部地下空间已成为发展趋势。伴随着资源枯竭型城市转型升级及内涝严重城市“看海”问题的应对，老旧小区更新、废矿改造利用、建设地下防洪排涝设施及“深坑酒店”“地下水系（库）”等新的应用场景也不断涌现。

进入新时代，我国新型城镇化建设对人居环境质量提出了新要求，城市地下空间被赋予了新的重要历史使命：地下空间利用决定着城镇化质量与品质，成为新型城镇化重要的显性特征；地下空间既要满足新增城镇人口“增量”空间需求，更要适应原有城镇人口“质量”空间需求。坚持问题导向、需求导向、目标导向，积极开展城市地下空间开发与利用技术研究，大力提升信息化、智慧化管理水平，是顺应新时代对城市地下空间开发的新要求，是满足人民对“美好生活”向往的必由之路。

1.1 地下空间特点

CHARACTERISTICS OF UNDERGROUND SPACE

1. 内涵

❖ 城市地下空间

城市规划区域内地表以下，为满足人类社会生产、生活、交通、环保、能源、安全、防灾减灾等需求，进行开发、建设与利用的空间。

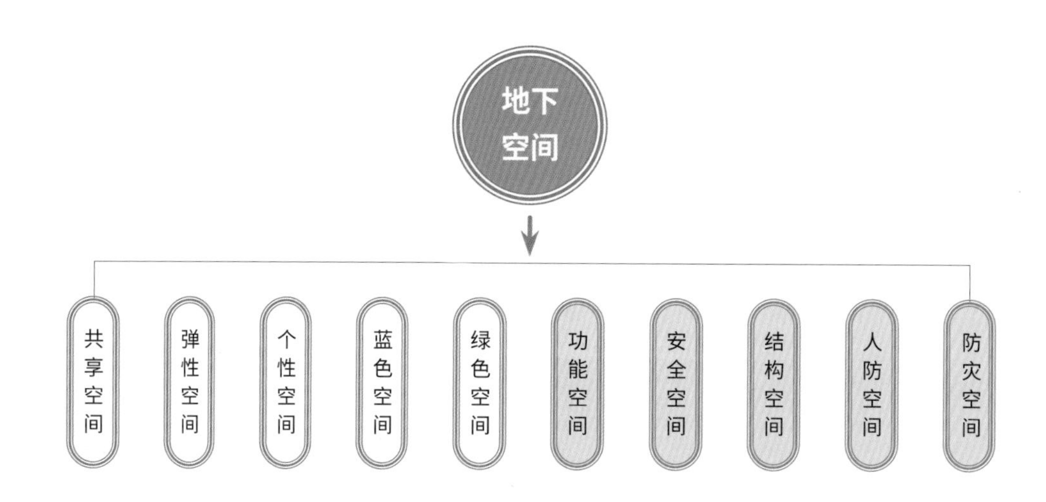

- 传统地下空间主要突出分层以及功能需求来规划设计，这对于未来城市地下空间开发是不够的。
- 把人对地下空间的感受引入考量，有必要建设更加宜人，有温度、有活力、有朝气、有灵感的绿色空间、弹性空间、共享空间及个性空间。
- 当前，面临诸多技术挑战，比如全要素精细探测技术，地下大跨结构、大空间体、超深竖井等施工技术，超深地下空间施工环境保障、安全运维及环境营造技术等。

2. 主要特性

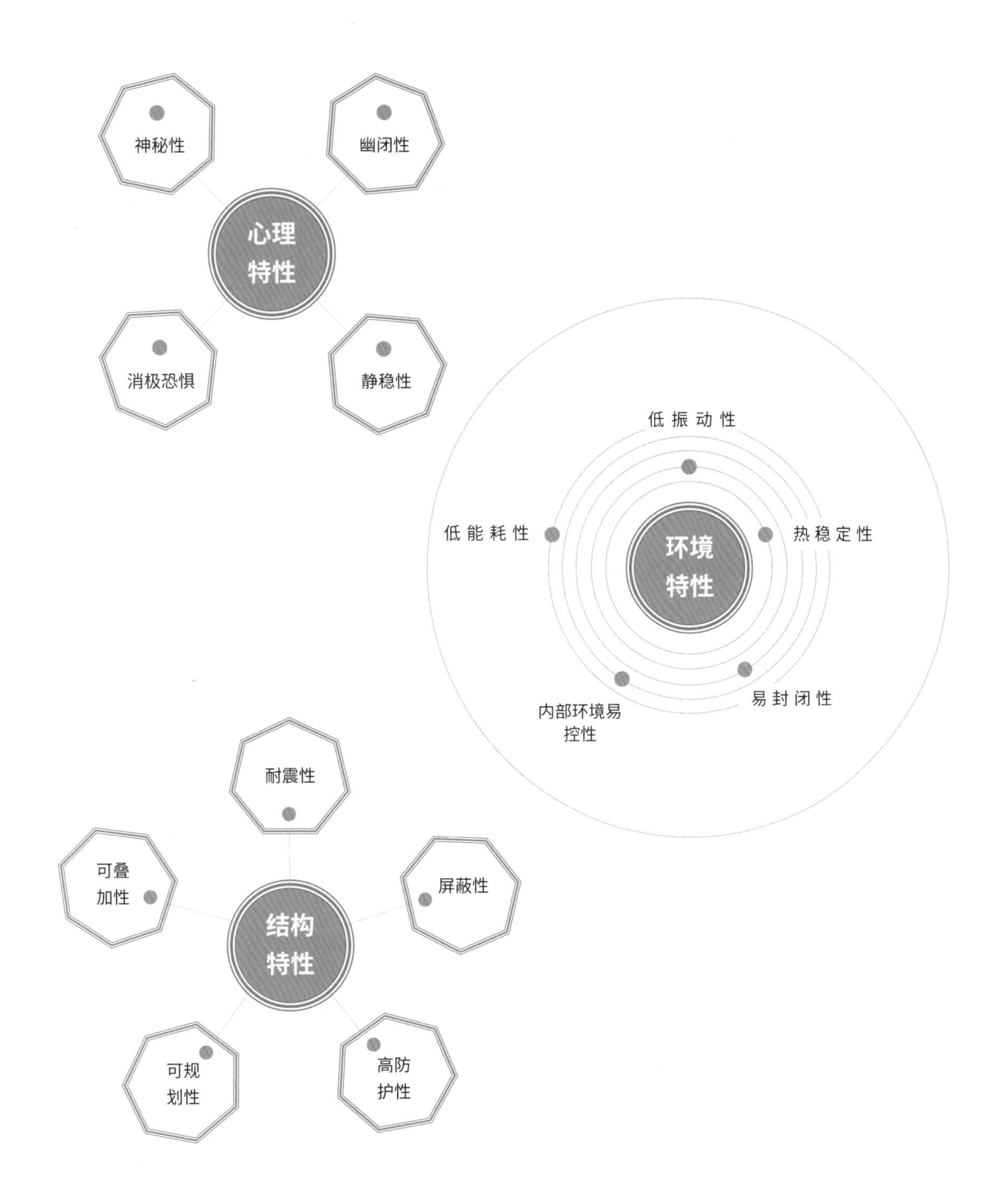

与地上空间相比，地下空间建造难度大、投资多、运维难，一旦遇到水火等灾害，逃生困难。

正面
心理影响
满足探奇心理
提供差异化体验
自我意识加强
蛇口线
Shekou Line
新秀－赤湾
Xinxiu–Chiwan
心理
特性
负面
心理影响
物理环境造成的不安全感
幽闭恐惧
欠缺环境认同感

环境特性

❖ 地热梯度

一般埋深越大，温度越高，每百米垂直深度增加 1℃～ 3℃。

❖ 热稳定性

● 随地下埋深加大，其温度变化受外界环境温度影响变小；测试表明，地表 8m 及以下深部土壤温度相对恒定，受外界环境温度影响小，空调能耗相对较低。

● 地下空间所处岩土环境特殊、出入口相对单一，相比地上结构空间更易封闭，内部环境更易控制。

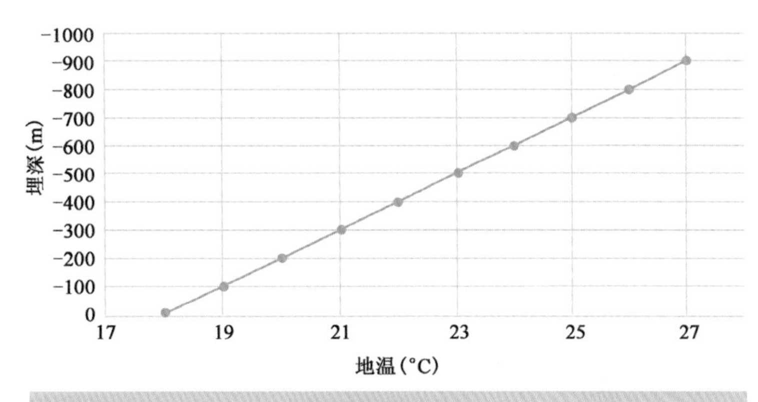

地温与埋深关系图

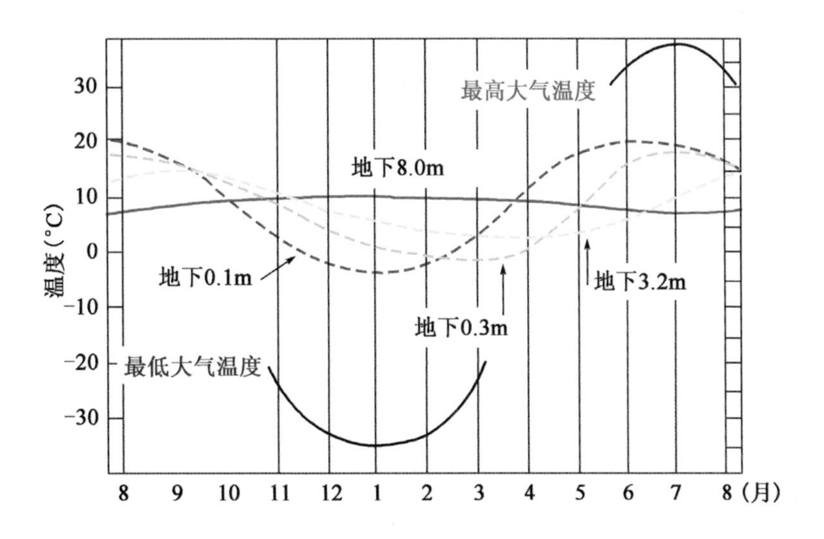

浅层地温与季节气温的一般规律

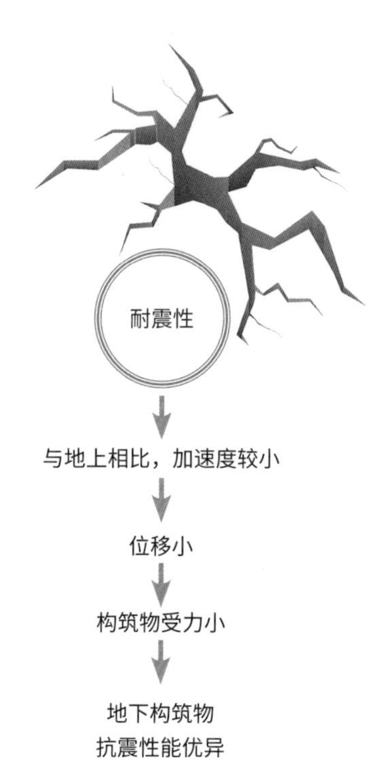

地面加速度为 1 的各地地基最大加速比

地震时地下的加速度❶

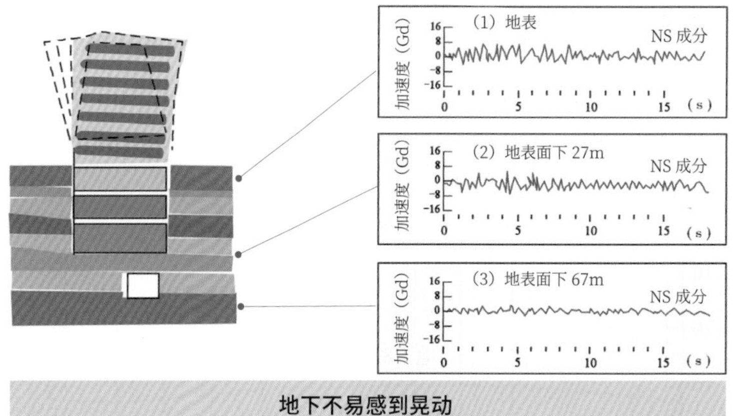

地下不易感到晃动

汶川地震隧道口照片

- 地下空间结构耐震性好。唐山大地震中，城市地下建筑破坏较轻，随着埋深加大地震波影响越来越小。
- 地下空间岩土介质的传导特性，能够不同程度的屏蔽各类辐射及信号；岩土受力变形特性，使其可进行分层叠加开发，同时也可抵御不同程度的冲击荷载，具有高防护性。

❶ 源自日本对地下空间抗震研究成果。

1. 现状与方向

国内现状		发展方向
以基本功能为主，从工程建设出发	开发理念	强调绿色人本，从体验出发，可持续发展
规划不系统，碎片化开发	规划水平	规划牵引，系统开发
大部分商业氛围差	商业氛围	兼顾基本功能，重视商业运营
建设速度快，过程中步序控制不够严格	建造水平	深化理论研究，重视多场动态响应
发展不平衡、不充分，人均规模小	发展规模	有序开发，扩大规模，加强利用
维护管理制度不完善，维护手段不先进	运维管理	建设与运营维护并重，维护手段先进
粗放型管理，安全事故较多	风险控制	精细化管理，减少安全事故
法律法规供给不足	法制水平	法律法规供给及时，建立了统一的法规体系

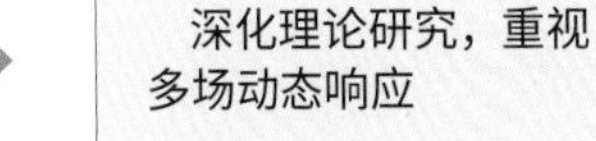

2. 主要问题

❖ 发展不平衡

城市间差距、东西部差距较大。

❖ 规划不系统

缺少总体规划，规划系统性、前瞻性不够，开发碎片化，规划执行刚性不够。

❖ 理论研究不深入

风险耦合、网络拓建、新型支护与岩土作用、多场动态响应等机理不够清晰。

❖ 标准化水平低

标准化、模块化设计水平不高，标准化施工、机械化作业程度不高，标准体系不健全。

❖ 建设品质不高

使用功能和效率不高，环境体验舒适性差，绿色环保水平不高，缺少相应的品质评价标准。

❖ 管理水平低

信息化、数字化程度低，智能化管理水平差，精细化管理不到位。

❖ 安全风险防控能力不强

安全风险理论研究不足，防控手段不先进，随着建设规模快速扩张，安全事故时有发生。地下消防、生命力保障系统韧性差。

1. 城市地下空间发展格局

平面维度

❖ 城市地下空间伴随城市群发展而发展

地下空间开发与利用决定着我国城镇化质量与品质，是新型城镇化重要显性特征。

❖ 经济发达、人口密集城市，地下空间发展更快

我国城市地下空间已形成“三心三轴”的稳定发展结构，其中“三心”即京津冀、长三角、珠三角三大城市群，以 5.26% 的国土面积，承载了 23.68% 的全国人口，创造了 38.29% 的国内生产总值，2018 年地下空间新增竣工量占全国总新增量的 34.69%；“三轴”即沿东部沿海发展轴、沿长江发展轴、沿京广线发展轴。❶

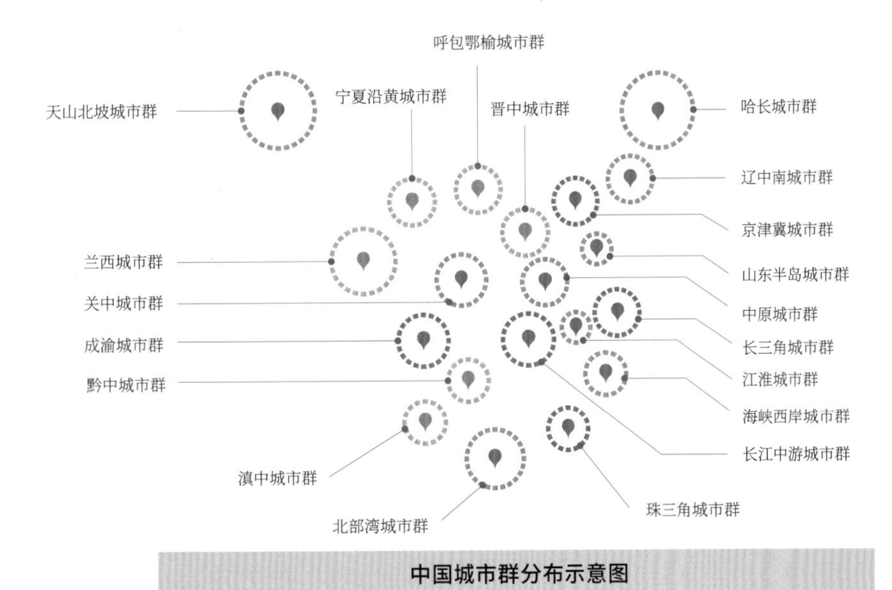

中国城市群分布示意图

❶ 数据来源《中国城市地下空间发展蓝皮书（2019）》（公共版）。

向深地进军，向地球深部要空间、要资源已上升为国家战略。

- 基于目前行业发展水平，城市地下空间多限于－50m 以浅开发；随着城镇化进程加快，－50 ～ －200m 已成为城市地下空间发展方向。
- 特殊地下空间向－2000m 深部发展。
- 矿产资源开发向－20000m 深部进军。

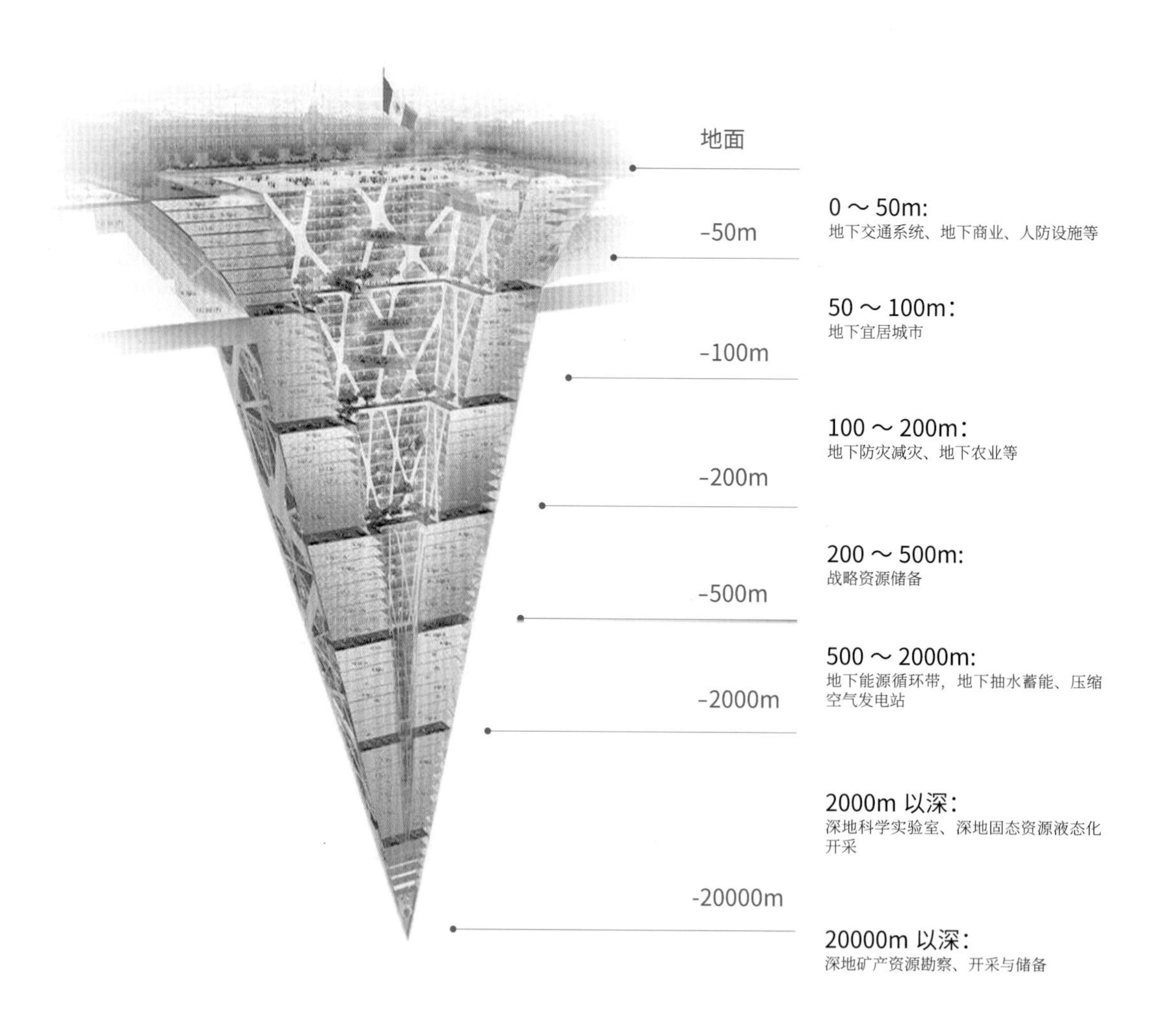

2. 发展速度及规模

我国城市地下基础设施建设规模庞大、发展迅猛。[1]

- 2016—2019 年，我国新增地下空间建筑面积 10.7 亿 m^2。
- 截至 2018 年 4 月底，我国地下综合管廊的在建里程已超过 7800km，相当于日本现有综合管廊里程的 3.5 倍。
- 近 10 年来，我国城市轨道交通建设速度迅猛，新开通城市数量为 2010 年的 2.1 倍，新增运营里程为 2010 年的 2.87 倍。
- 截至 2020 年底，我国大陆地区共有 45 个城市开通城市轨道交通运营线路 244 条，运营线路总长度 7969.7km。其中，地铁运营线路 6280.8km，占比 78.8%；其他制式城市轨道交通运营线路 1688.9km，占比 21.2%。当年新增运营线路长度 1233.5km。

截至 2020 年底地铁运营里程 6280.8km

[1] 数据来源《2020 中国城市地下空间发展蓝皮书（公共版）》，其中城市轨道交通数据来自中国城市轨道交通协会。

截至 2018 年 4 月地下综合管廊在建里程 7800km

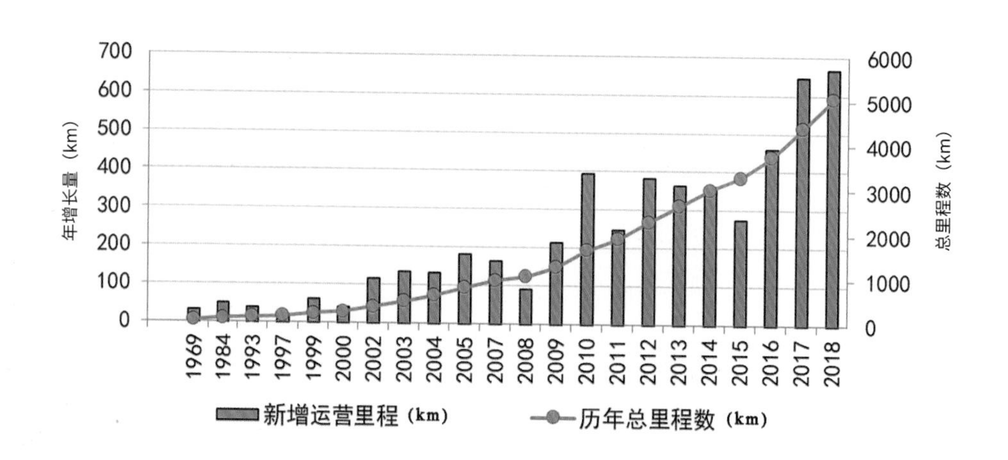

历年地铁运营线路总里程及每年新增运营里程统计（截至 2018 年底）

目标导向

GOAL ORIENTATION

城市地下空间发展趋势

❖ 建设

向网络化、深层次、立体化、规模化方向快速发展。

❖ 管理

向信息化、智能化、精细化方向发展。

0

-30m

-50m

-200m

浅层空间

中等深度空间

大深度空间

超深空间

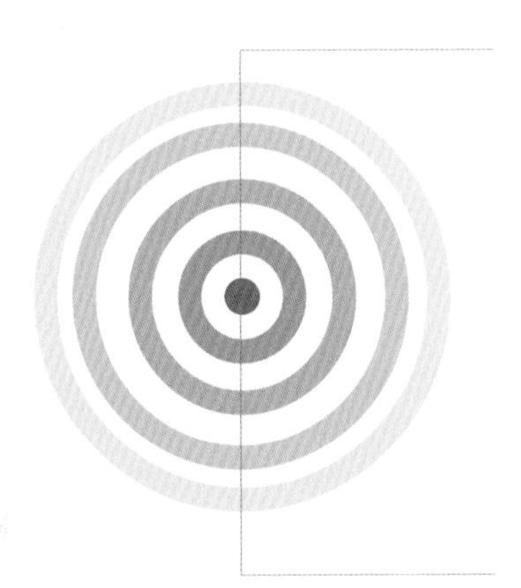

- 地质信息透明化
- 地下环境生态化
- 规划设计科学化
- 空间建造品质化
- 运维管理智能化

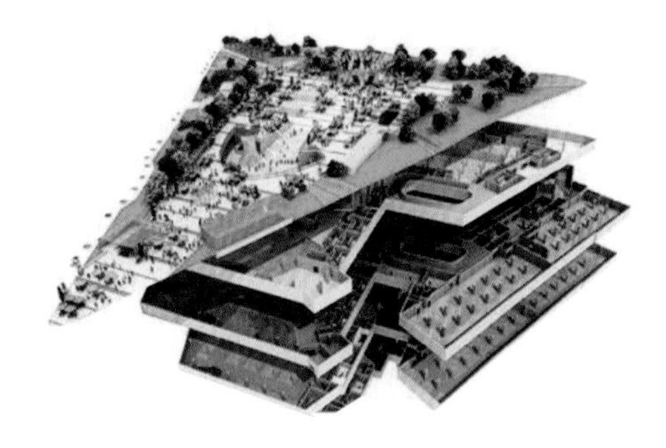

夢想

我们是追梦者，更是筑梦者！

创造高品质地下空间
满足人民对美好生活的向往！

热烈祝贺中铁十八局集团吉林引松工程二标段TBM第一阶段隧洞胜利贯通

建设人本、绿色、智慧、韧性、网络化地下空间，解决交通拥堵、资源紧缺等“城市病”，造福人民，创造高品质、更加美好的新空间、新生活。

让有限的空间创造无限的体验。动感体验、绿色体验、人文体验、休闲健身体验、文化体验、艺术体验、商业体验、生活体验、科普体验……让地下空间真正成为有生命力、有温度、有活力的地下城市。

- **空间是壳，物理的**
- **服务是涵，化学的**
- **智能是擎，催化的**
- **生产生活空间延伸**

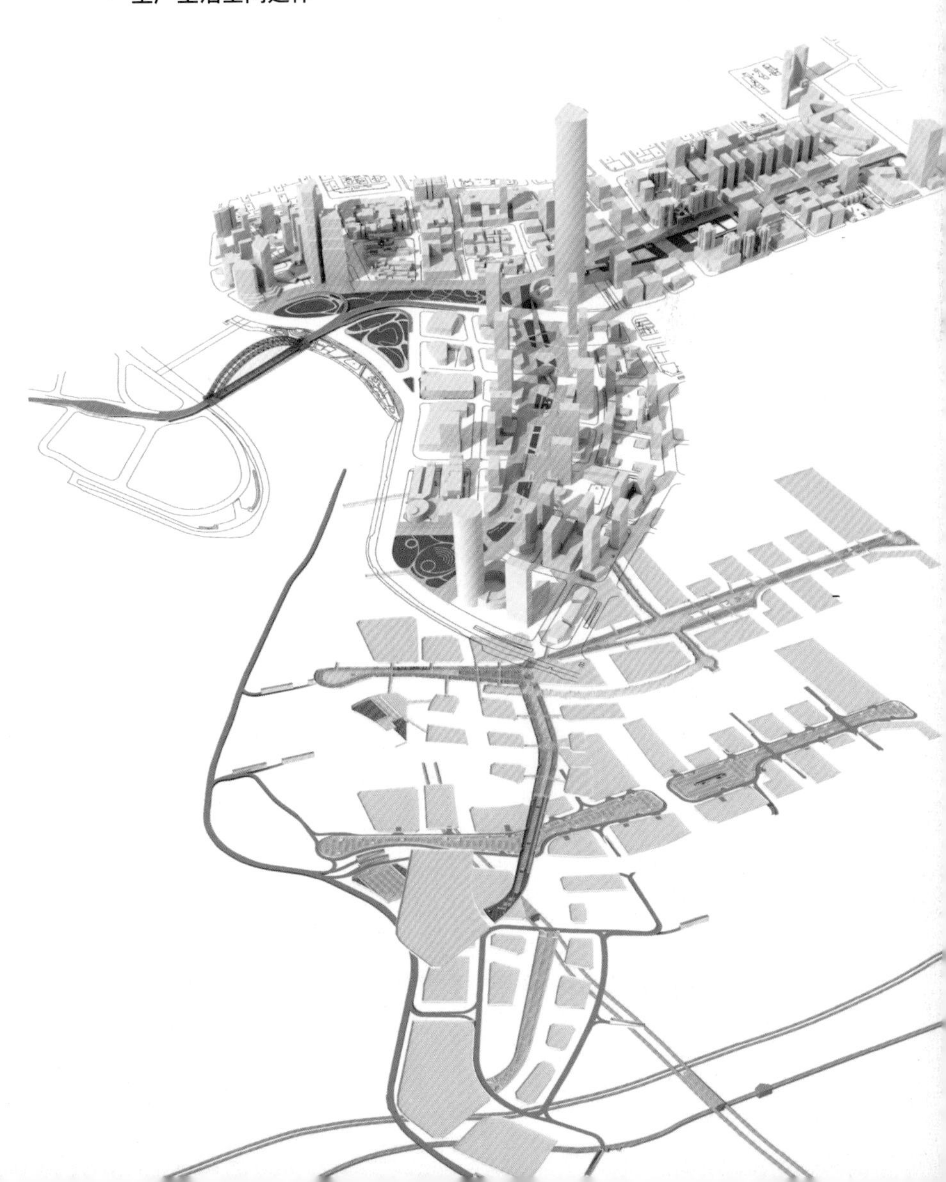

铁路售票处 2
铁路候车室

02 应用场景

UTILIZATION OF UNDERGROUND SPACE

地下空间作为城市发展的第二空间已经得到了国际的认同，1991年在东京会议上通过的《东京宣言》提出，21世纪是人类地下空间开发与利用的世纪。开发与利用城市地下空间是提高城市土地利用效率、扩充基础设施容量、解决“城市病”、改善城市生态、提高城市总体防灾抗毁能力的一种有效应对。根据国内外地下空间开发与利用统计分析，地下空间是实现城市交通畅通的理想空间，包括地铁、道路、人行通道、停车场等。除此之外，地下空间的应用场景还有市政公用设施、公共管理与公共服务设施、商业服务业设施、物流仓储设施、防灾设施及工业设施等。

DEVELOPMENT AND
UTILIZATION OF
UNDERGROUND SPACE

02

包括轨道交通、地下停车场、地下道路、人行通道及其他交通设施。

1. 轨道交通

2. 地下停车

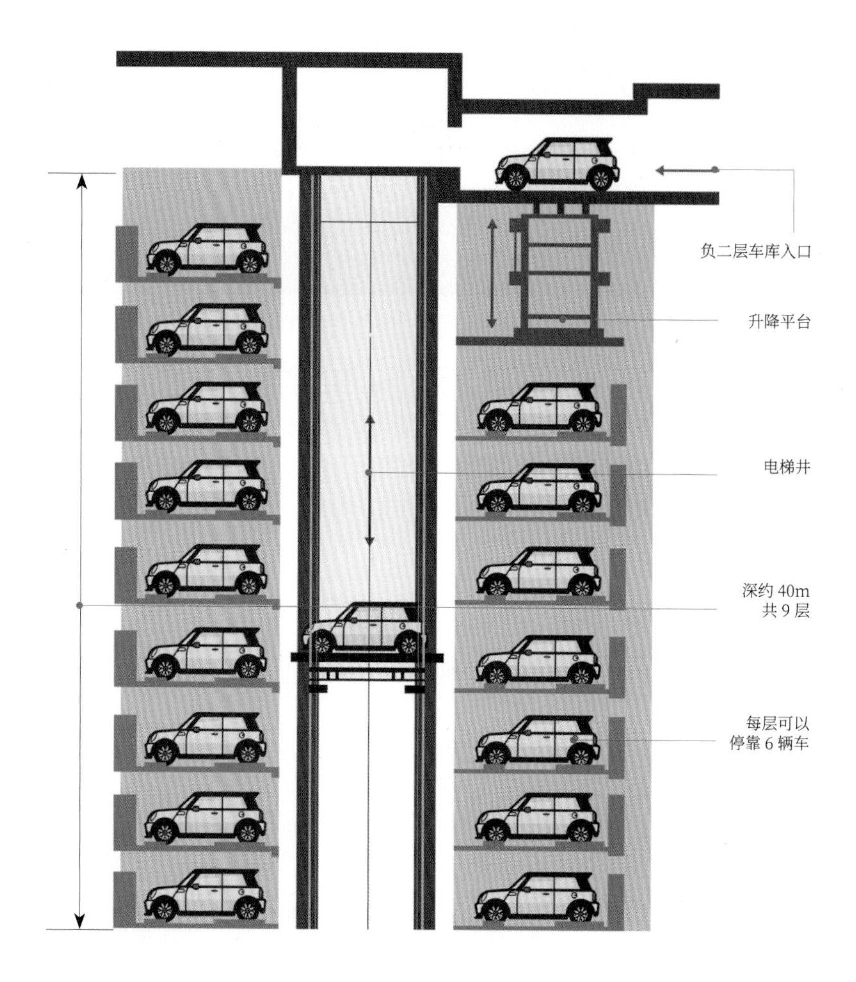

3. 地下道路

4. 人行通道

2.2 市政公用设施

MUNICIPAL UTILITIES

包括市政场站、市政管线、市政管廊及其他市政公用设施。

1. 地下综合管廊

地下综合管廊不仅能系统解决城市交通拥堵问题，改善市容市貌，还极大方便了电力、通信、燃气、供排水等市政设施的管理、维护和检修。

2. 地下变电站

500kV 世博变电站位于上海市中心，主体建筑结构为筒形全地下4层结构，筒体直径约130m，深33.5m，作为2010年上海世博会城市安全供电的重点工程，是国内首座多电压等级全地下变电站。

3. 地下污水处理系统

青山污水处理厂占地面积 23487.63m^2。采取地下污水处理厂、地面花园的构架进行建设，地面花园总占地面积 2100m^2。

青岛高新区污水处理厂是国内北方地区首座全地下式污水处理厂，处理规模为 18 万吨 / 日。

4. 地下垃圾处理系统

巴黎依塞纳垃圾处理厂地下深度为 31m，垃圾分类处理装置、垃圾焚烧炉、废气废水处理塔、热能转换发电机等所有设备全部设于地下。露出地面的 21m 只相当于一个普通 6 层住宅的高度，与周围建筑和谐辉映，它像一座写字楼，像一个绿荫环绕的图书馆，像医院，像学校，就是不像一个垃圾处理厂。

包括行政办公设施、文化设施、教育科研设施、体育设施、医疗卫生设施、文物古迹及宗教设施。

1. 地下学校

意大利汉娜·阿伦特地下学校在不改变嘉布遣会女修道院原貌的前提下，建构了 1 个“地下附属学校”，地下开挖 17m，4 层空间，分布 9 间教室、6 个工作室、1 个冬季花园和 1 个多功能室。

在某些资源枯竭型城市，可充分利用废弃矿洞建设诸如地下体育馆、音乐厅、游泳馆、展览馆等地下设施，促进城市更新改造、转型升级。

2. 地下体育馆

3. 地下音乐厅

4. 地下游泳馆

5. 地下展览馆

6. 地下疗养

利用海边洞穴空间特有的微循环气候和空气中的饱和盐尘，可治愈呼吸系统疾病，这种疗法定名为“洞穴盐疗”法。

芬兰 Salina Turda 地下公园将地下 120m 的空间打造成含盐湿润空气的氧吧，常年恒温 11℃ ~12℃，几乎没有任何过敏源和细菌，可供患呼吸道、肺结核等疾病的病人疗养。

7. 地下医学研究

未来地下医学需要研究地下空间的建造深度、结构类型、物理环境及作业时间与人类心理健康之间的关联关系；温度、辐射、气压、围岩性质、微生物等对人类健康的影响，确保人在地下环境长期工作生活健康。

乌克兰地下盐矿医院，用来治疗患有各种呼吸疾病、哮喘以及支气管堵塞病患的地方。尤其在 Solotvyno 的 9 号竖井盐矿，更是乌克兰闻名世界的洞穴疗法医院。这间被称作 Solotvyno 变应性疾病医院 (Solotvyno's Allergological Hospital)，里面有许多受呼吸疾病困扰的病人，在矿井中吸收含有治疗功效的空气。

8. 地下实验室

为提供“干净”的环境，科学界积极探索建立深部地下实验室，目前，世界范围内埋深千米以上的地下实验室主要有：

- 中国锦屏地下实验室：垂直岩石覆盖深2400m。
- 美国在建的杜赛尔（DUSEL）地下实验室（二期）：2300m。
- 加拿大斯诺（SNO）地下实验室：2000m。
- 法国摩丹（Modane）地下实验室：1700m。
- 意大利格兰萨索（Gran Sasso）地下实验室：1400m。
- 英国伯毕（Boulby）地下实验室：1100m。
- 日本神岗（Kamioka）地下实验室：1000m。

锦屏地下实验室是目前世界岩石覆盖最深的实验室，它的建成标志着我国已经拥有了世界一流的洁净、低辐射研究平台，能够自主开展暗物质探测等国际最前沿的基础研究。

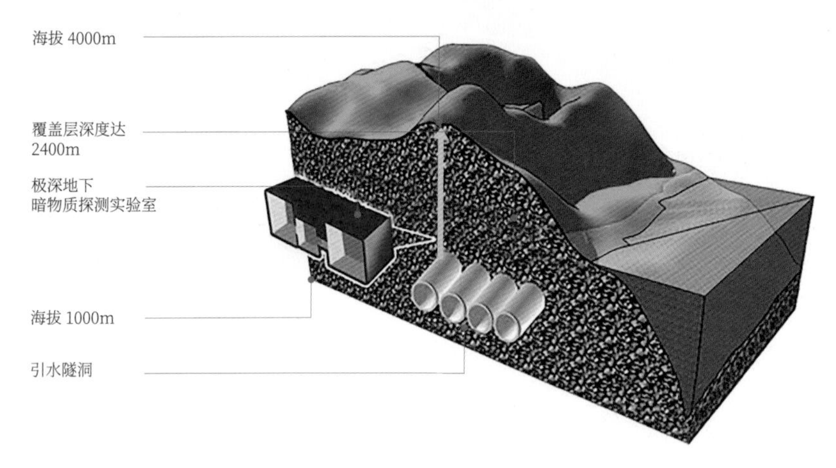

9. 地下农场

利用地下恒温、恒湿的特性，通过发光二极管（LED）、循环水培育及精密灌溉系统，可以培育不受季节、天气影响的农产品。

地下农场：全年运营，无季节限制，无农药，零污染。

2.4 商业服务业设施

BUSINESS SERVICES FACILITIES

包括商业设施和其他服务设施。

1. 地下商城

2. 地下餐饮

地下油库、水库、食品库、能源库、物资库、废料库等地下储备空间，存储量大、安全防火、质量稳定、易维护，已成为战略储备的主要方式。

1. 地下油库

地面油库占地面积大，温度保持耗能大，消防要求高，而地下油库以其造价低、安全性高、环境友好，具有广阔的应用前景。

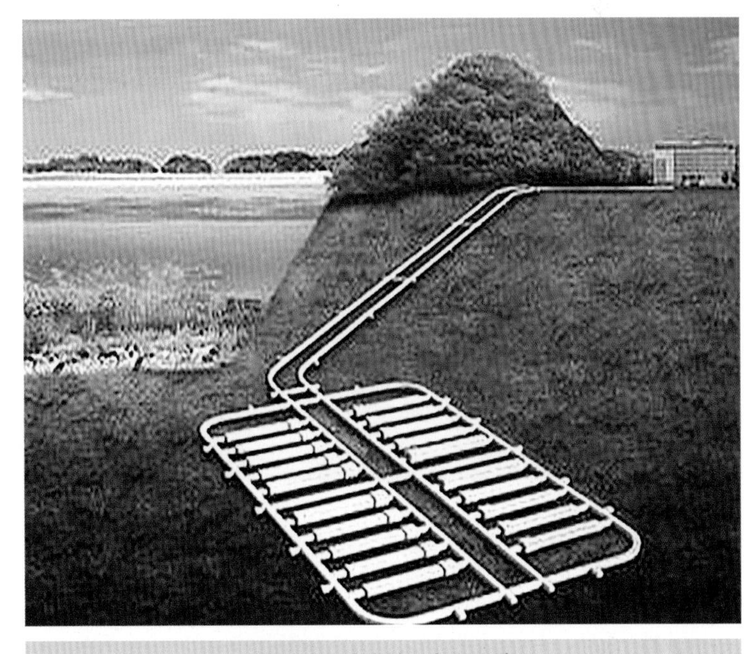

锦州地下油库地下部分示意

2. 地下粮仓

地下储存空间具有密闭性能好，长期处于准低温及恒温状态，有利于抑制虫害发生，具备节能、节地、无污染、长期保证粮食品质的优点。

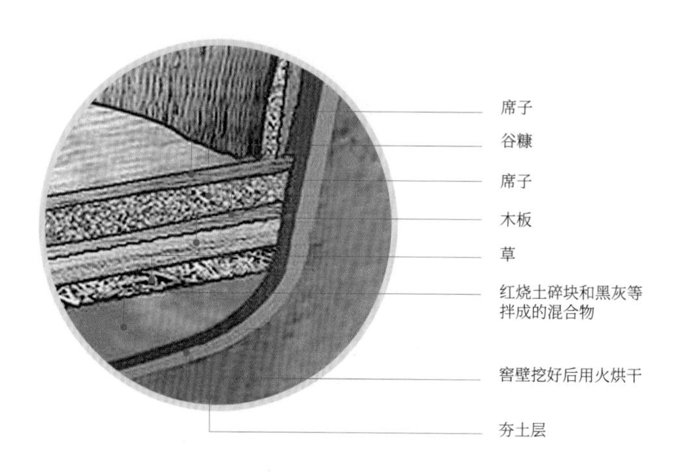

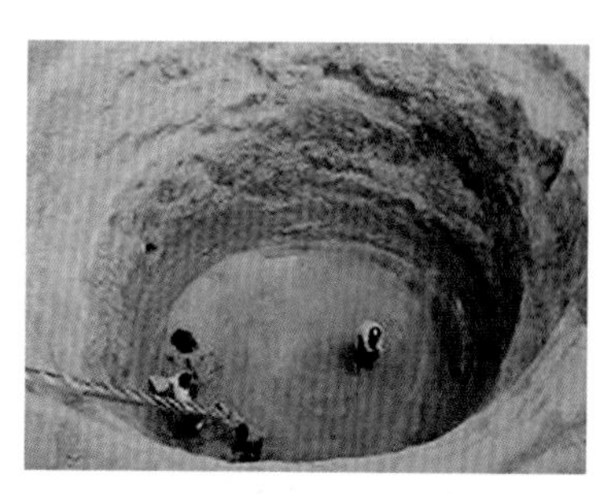

洛阳含嘉粮仓位于河南洛阳老城北，始建于公元 605 年，用作盛纳京都以东州县所交租米的皇家粮仓，历经隋、唐、北宋 3 个王朝，沿用了 500 余年。

3. 地下物流

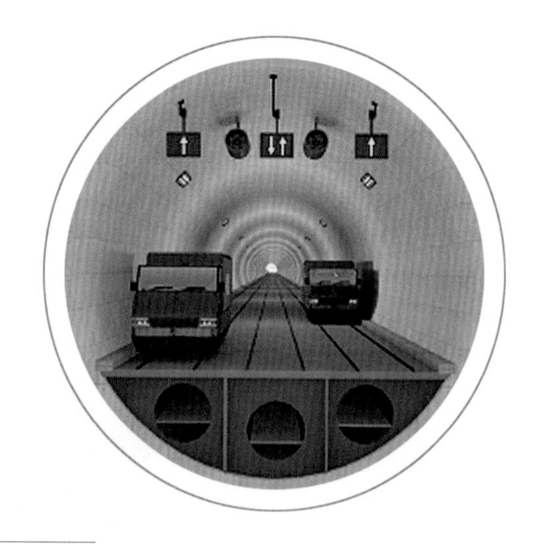

地下物流系统是指运用自动导向车 (AGV) 和两用卡车 (DMT) 等承载工具，通过地下管道、隧道等运输通路，对固体货物实行输送的一种全新概念的运输和供应系统，是未来可持续发展的高新技术领域。

4. 危险废物地下处置库

深部地下空间不仅有丰富的矿产资源，也是与地表环境隔绝的巨大纳污空间，利用相应的技术与监测手段可使有害废物长期安全地存储在深部地下空间中，不影响地表环境。

瑞典的反应堆最终处置库（SFR）建于海底以下 60m 处的结晶岩内。

甘肃北山危险废物地下处置库

包括安全设施、人民防空设施和其他防灾设施。

1. 地下防洪排涝

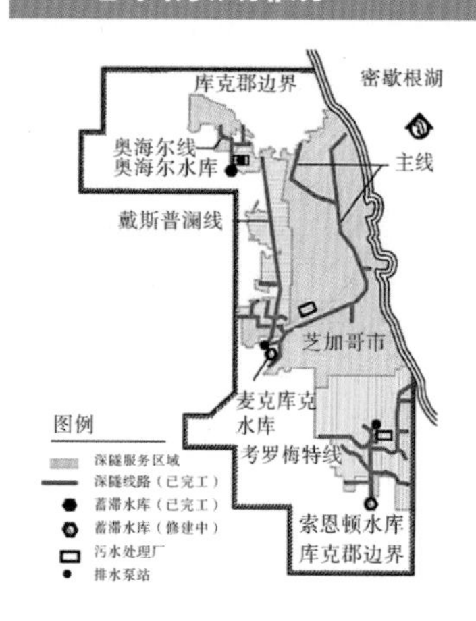

芝加哥隧道和水库计划（TARP）设置 251 个垂直井式蓄水池、大型地下泵站和长约 176km 的排水隧洞，埋深 45～106m，解决原有排水系统能力不足及生活水源污染严重的问题。

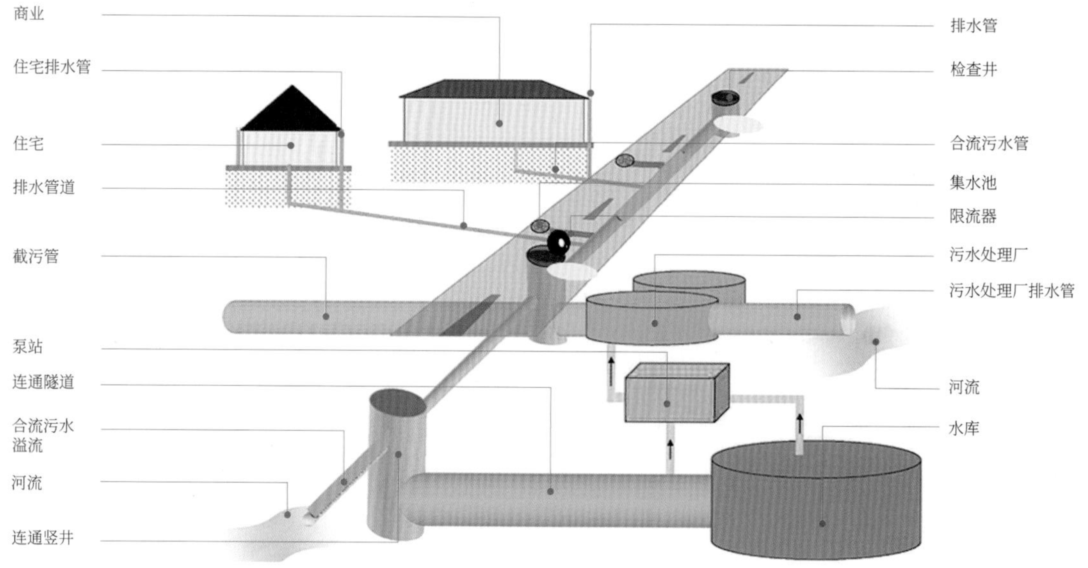

2. 地下水系

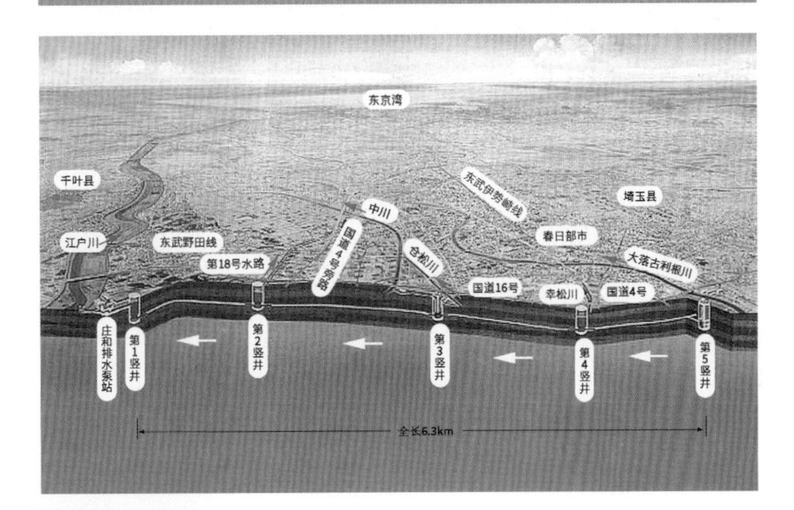

日本东京外围排水系统被称为世界规模最大的排水系统，其巨型隧道埋深达 50m，长约 6.3km。排水系统由五个巨大的圆柱形蓄水坑、宽度达 10m 的输水管道和巨大的“调压水槽”构成。“调压水槽”能吸纳来自五个蓄水坑的蓄水，可存储备用或抽排至附近河流。

3. 地下人防

03 开发理念

DEVELOPMENT PRINCIPLES

城市地下空间开发应坚持问题导向、需求导向、目标导向，坚持创新、协调、绿色、开放、共享的发展理念，解决目前地下空间开发存在的共性问题，提升城市承载能力，满足城市可持续发展和人民对美好生活向往的需求。基于此，本章系统提出了未来城市地下空间开发的“六大理念”——人本是目标、绿色是标准、智慧是手段、韧性是要求、透明是技术、法制是保障，以期创造有温度、有活力、有色彩、有生命力的高品质城市地下空间。

DEVELOPMENT AND

UTILIZATION OF

UNDERGROUND SPACE

03

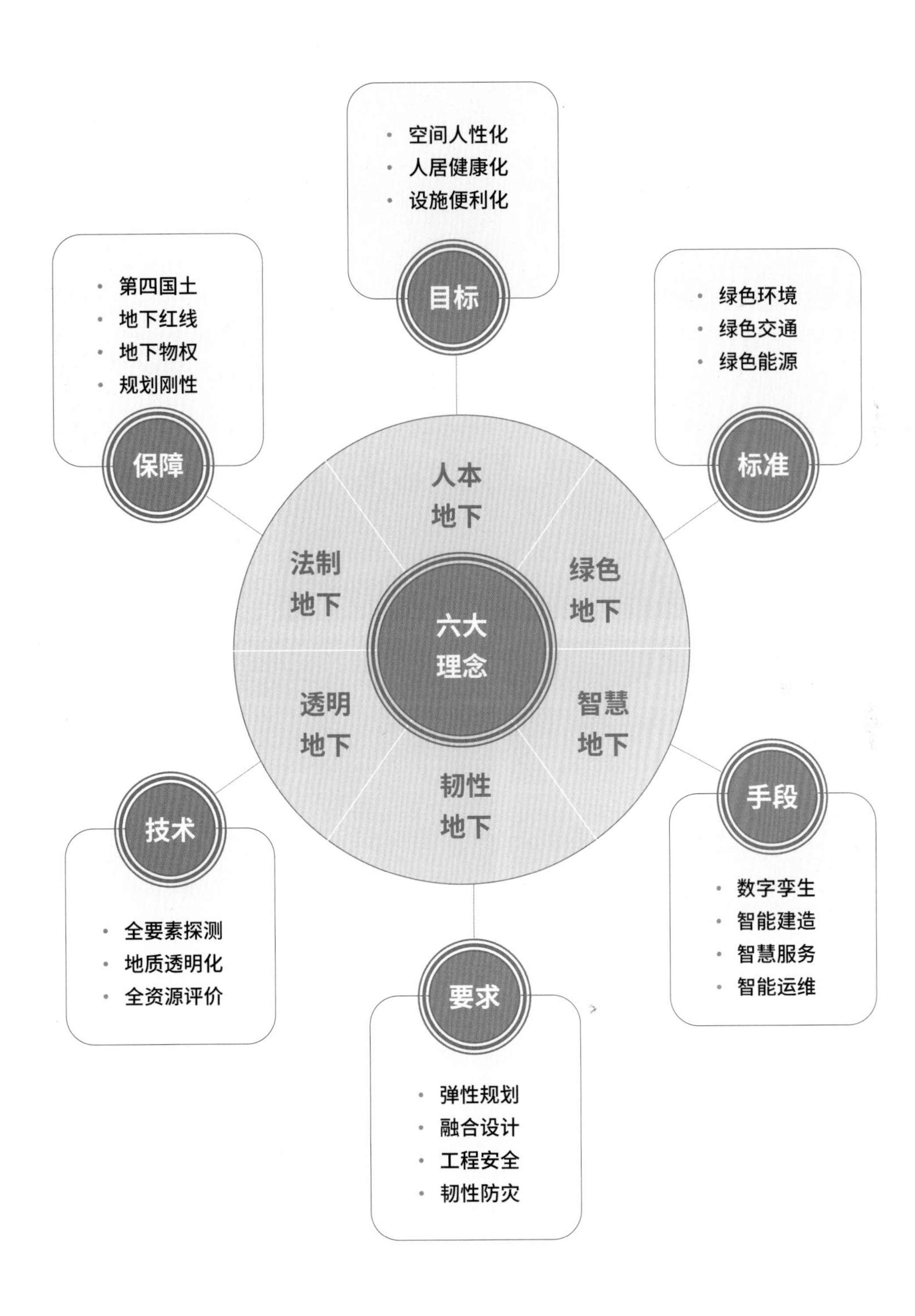
空间人性化
人居健康化
设施便利化
目标
第四国土
地下红线
地下物权
规划刚性
保障
绿色环境
绿色交通
绿色能源
标准
人本
地下
法制
地下
绿色
地下
六大
理念
透明
地下
智慧
地下
韧性
地下
手段
数字孪生
智能建造
智慧服务
智能运维
技术
全要素探测
地质透明化
全资源评价
要求
弹性规划
融合设计
工程安全
韧性防灾

创造 有温度 有活力 有色彩 有生命力 的地下空间

❖ 空间人性化

空间具有丰富性、动态导向性、比例尺度和谐性，景观具有艺术性、地域文化性、人的参与性、亲自然性。

❖ 人居健康化

以人造阳光、生态植被、地下农场等构建地下生态圈；调控空气质量、温度、湿度、清洁度，打造宜居健康空间。

❖ 设施便利化

运用地下空间色系标识，构建分区清晰、导识明确的地下空间；设置出行便利、互联互通的地下道路系统。

有温度：引入声、光、新风

有活力：愉悦和舒适的空间

有色彩：丰富协调的地下色系

有生命力：构筑共享空间

1. 绿色环境

- ❖ 地下公园、公共绿色空间
- ❖ 自然光、新风引入
- ❖ 绿色材料

2. 绿色交通

- ❖ 绿色低碳交通工具
- ❖ 可达性、便捷性交通设计
- ❖ 低污染、环境友好型出行方式

3. 绿色能源

- ❖ 地热能
- ❖ 氢能
- ❖ 电能

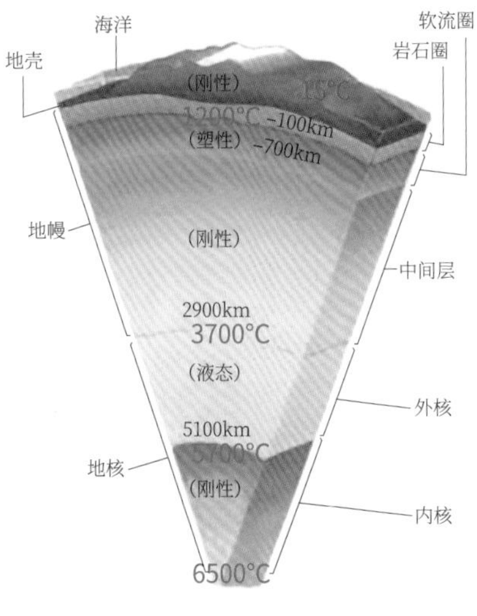

智慧地下

SMART UNDERGROUND SPACE DEVELOPMENT

1. 数字地下

构建勘察、设计、施工、运维一体的全寿命周期的数字管理平台。

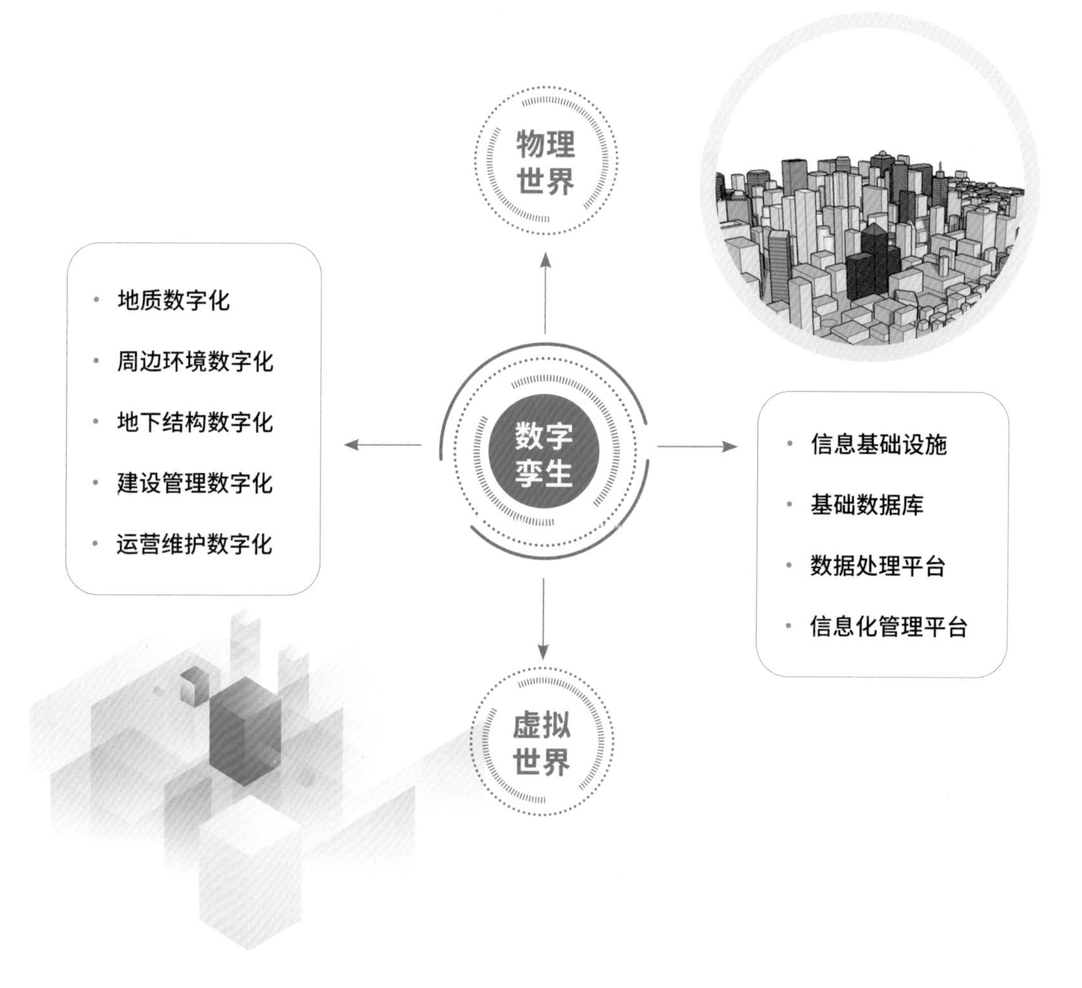

2. 智能建造

发挥 GIS+BIM 技术在地下空间建造中的作用，将大数据、云平台、人工智能、物联网、VR 三维可视化、智能装备等技术用于建造，确保建造安全、管理高效。

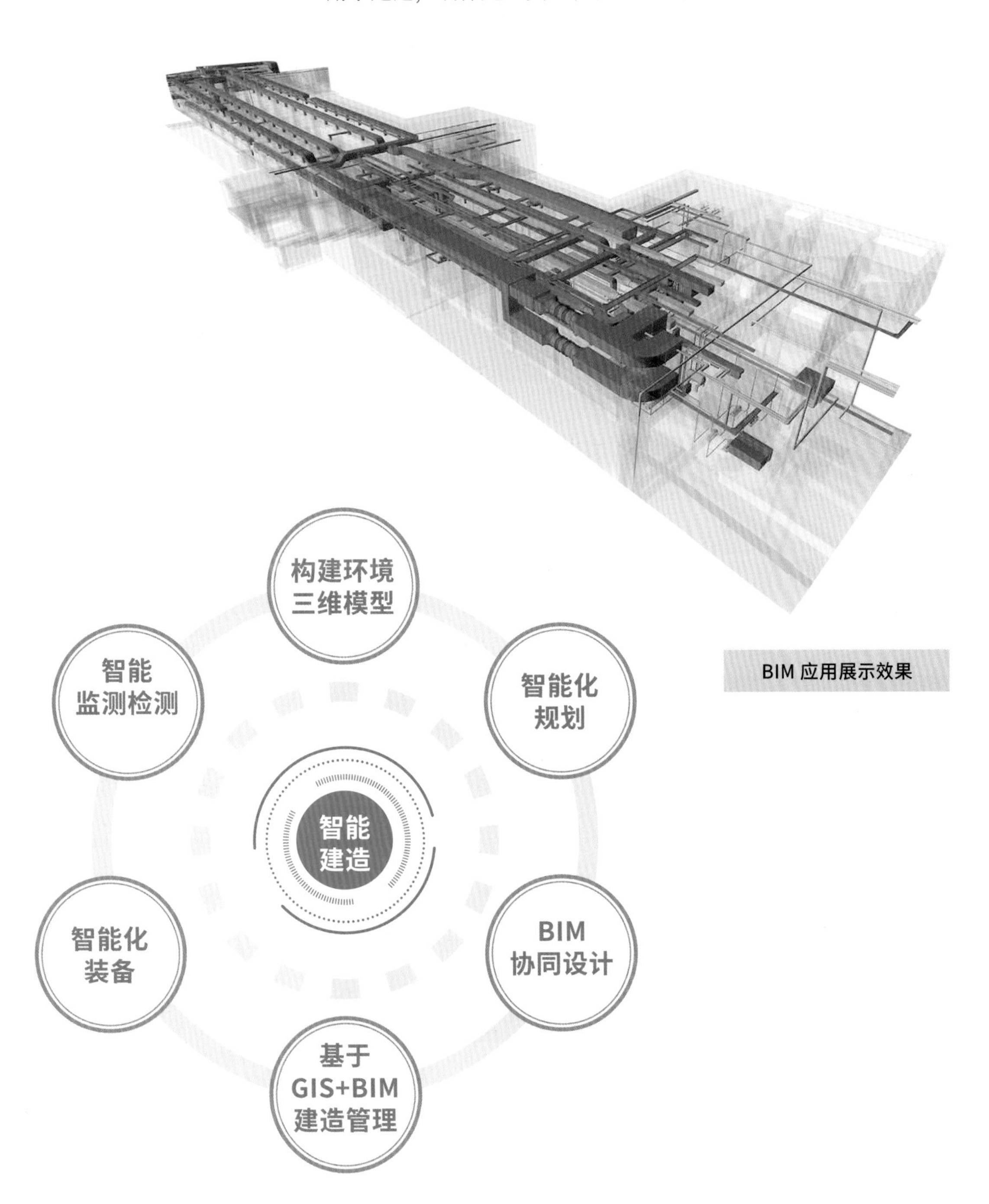

BIM 应用展示效果

3. 智慧服务

基于云平台的生物识别、无感支付、客流预测预警、设备智能感知、环境智能调控、智能化服务等。

4. 智能运维

构建全息感知和智能诊断平台，通过大数据积累、挖掘与学习，完成全生命周期健康分析，将传统的被动监控报警革新为主动预测、风险预防，实现本质安全。

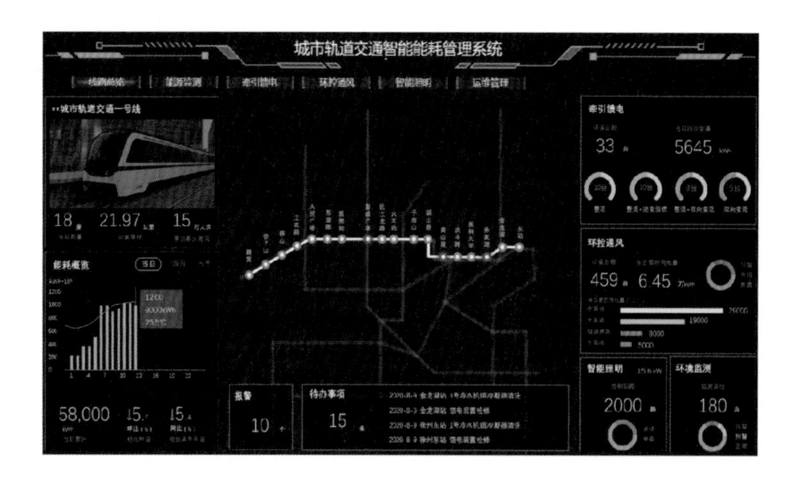

弹性规划
统筹与留白

1 2 3 4

韧性防灾
防灾与应急

融合设计
功能与系统

工程安全
坚固可维修

1. 弹性规划

- 合理留白，给子孙后代预留发展空间。
- 预留功能转换、智慧化升级等条件。

2. 融合设计

统筹规划，多元融合，打破条块，协同发展。

3. 工程安全

❖ 工程韧性

在承受或吸收外界干扰的情况下能够保持基本结构和功能特征，能够建立自组织、自适应、自恢复的能力。

❖ 总体要求

能力保持、结构耐久、快捷修复。

❖ 安全保障

安全设施、避难空间、安全监控及应急预案。

- 独立的通风系统。
- 结构自身防火。
- 安全设施结合通道分散或集中设置。
- 避难空间满足需求指标。
- 导向标识清晰。
- 系统可靠，保障有力。
- 防灾应急规范高效。

4. 韧性防灾

- ❖ 洪灾与地下水
- ❖ 地下火灾与消防
- ❖ 断电
- ❖ 地震
- ❖ 爆炸
- ❖ 战争

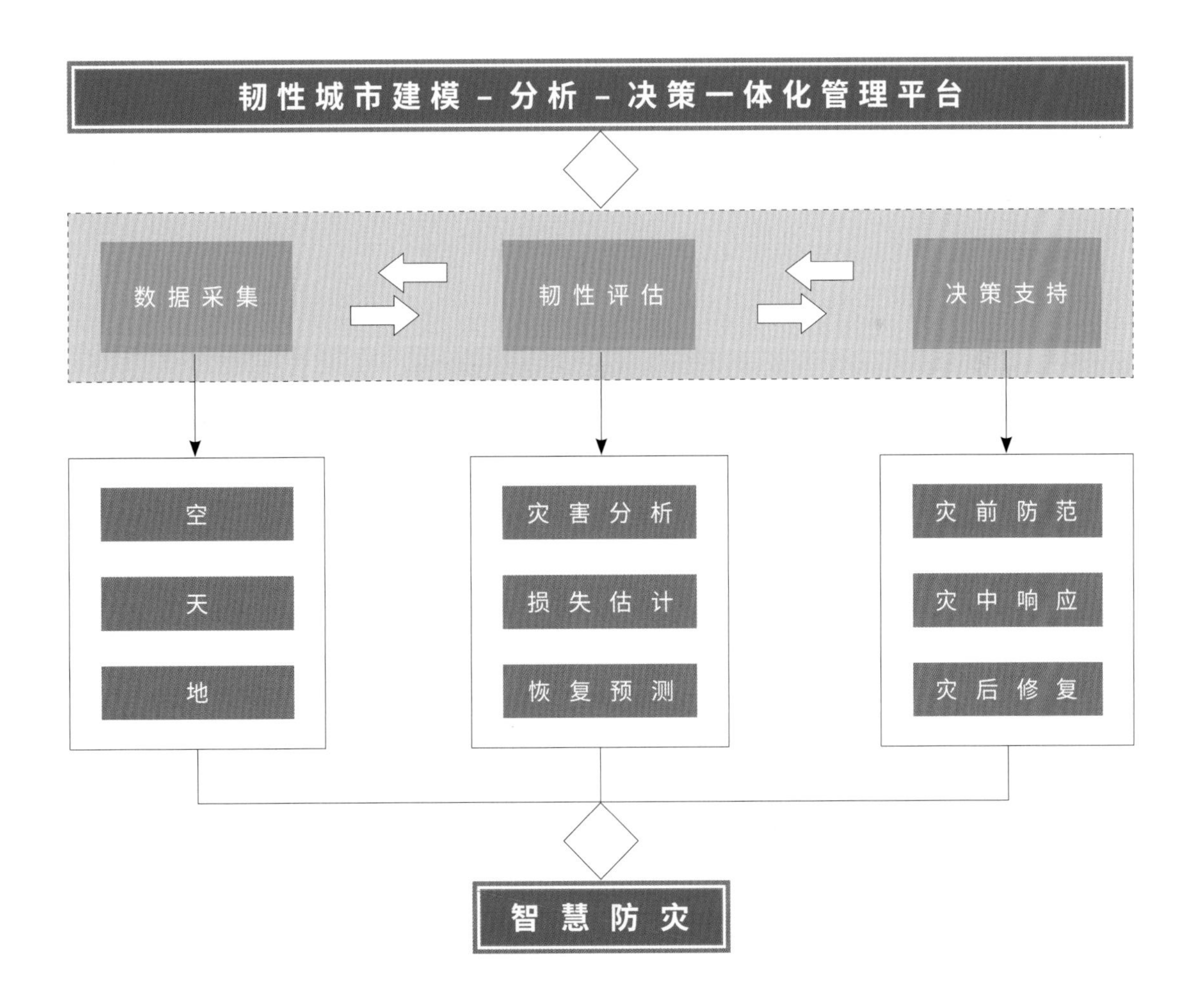

1. 全要素探测

探明岩、土、水、气、微生物、磁力场、应力场、地温场、放射场、矿产资源、地下建（构）筑物等地质要素。

2. 地质透明化

为城市地下空间做一套完整的“CT、彩超”，实现地下全要素信息集成管理与透明化表达。

3. 全资源评价

摸清可利用资源总量，评价地下资源要素、环境因素、空间利用效率及工程建设可行性等。

1. “第四国土”

地下空间作为城市建设可用的国土资源，是造福子孙后代的重要空间，是城市空间更为舒适宜人的重要保障，是解决地面交通拥堵、资源紧缺等“城市病”的重要途径。

把地下空间上升到“第四国土”（领土、领空、领海、深地）的高度来认识，从提高城市承载力到向地下空间要潜力的角度来看待。

2. 地下红线

建议明确地下红线相关规定，以利规范、有序开发地下空间。

基于目前我国城市地下空间开发现状，建议取 –50m 截面为地下红线。

1. 日本法律规定 –40m 截面为地下红线。
2. 建筑基础深度 + 持力层厚度（一般按 10m 计算）。

室外地坪
地面建筑红线
地下建筑红线
持力层（10m）
建筑深度（30m）

日本城市地下建筑红线划分示意图

3. 地下物权

基于《物权法》和地面建筑红线，确立地下物权制度。

4. 规划刚性

地下空间规划作为法规性文件，确保规划的刚性执行。

04 开发模式

DEVELOPMENT MODE

未来城市地下空间开发需要从多维空间来整体规划，从点、线、面、区块过渡到地下城市来考虑。目前，我国城市地下空间开发与利用普遍存在系统性缺乏、碎片化开发、孤岛效应等问题；统筹与规划、分步实施、注重时序还没完全做到位，抓“点”的多，抓“线”的（比如地铁及沿线土地资源开发）也逐步受到重视，但抓“面”的、抓总体规划并“一张蓝图干到底”的比较少。基于目前城市地下空间开发现状及发展趋势，本章从点、线、面呈现了城市地下空间开发发展脉络，介绍城市地下空间的几种开发模式。

DEVELOPMENT AND UTILIZATION OF UNDERGROUND SPACE

04

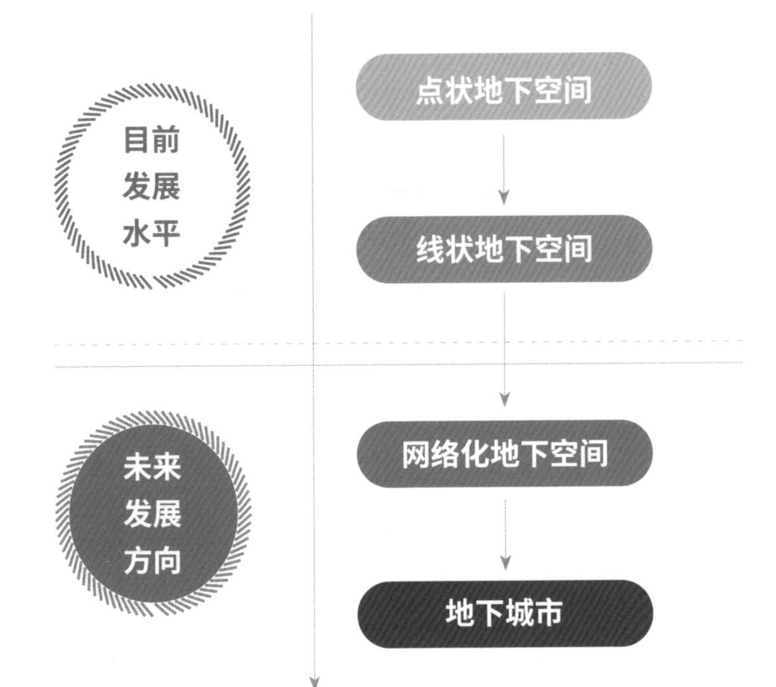
目前
发展
水平
点状地下空间
线状地下空间
未来
发展
方向
网络化地下空间
地下城市

FOSTER'S
BOB HARTLEY
SANYO

建立以地下交通、地下停车、地下人防、地下学校、地下医院、地下仓储等承接城市单一功能的地下空间开发模式。

特点及适用范围

单一功能、相对独立，适合地下单体建造。

在既有地下空间基础上通过拓建，建立地下空间之间及地下空间与地面之间的联系，形成相互连通、四通八达的多维度、多功能、网络化地下空间。

特点及适用范围

通过空间叠加、步道连通、地下街道等方式，实现地下单体空间的关联和延伸、多维度的网络化开发。

- 新开发地下空间网络化规划设计建造。
- 老旧地下空间网络化升级改造。

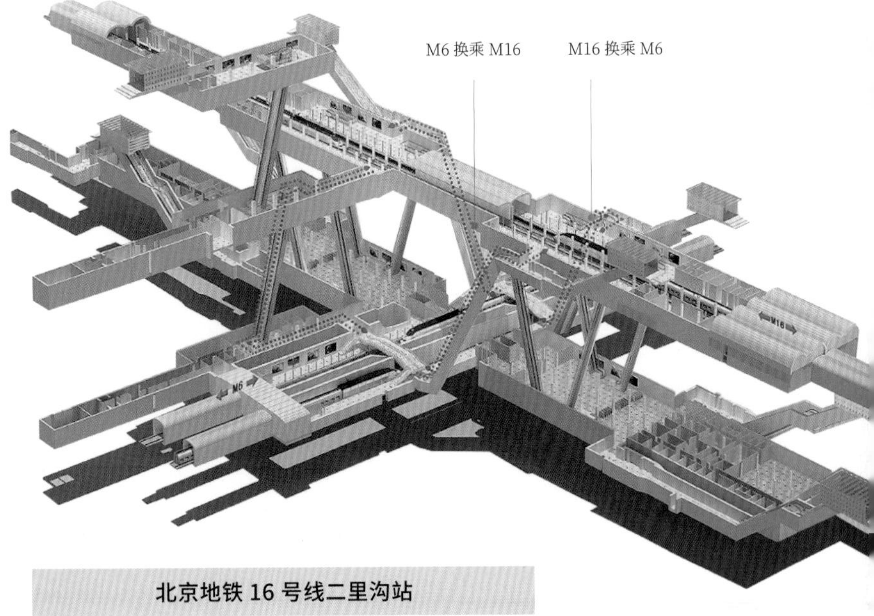

北京地铁 16 号线二里沟站

中铁十六局集团有限公司施工的北京地铁 16 号线二里沟站，为既有 6 号线与 16 号线的换乘车站，二里沟站总建筑面积约 3.9 万 m^2。特点：上跨既有车站施工、分离式双层断面分期施工、近接暗挖施工、多维空间接驳施工。

日本东京新宿车站汇集了国有铁路线（JNR）、地铁、私营铁路共十多条轨道交通线，是日本最大的交通枢纽站，每天乘客多达 300 多万人次。

❖ **东西自由通道改造升级工程概要**

搬迁改建西口及东口的检票口，将北通道改造成自由通道；宽度从 17m 扩至 25m；新增四驱电动汽车道。

❖ **技术特点**

不中断铁路运营，紧邻既有结构拓建、向下增层施工。

东西自由通道施工顺序

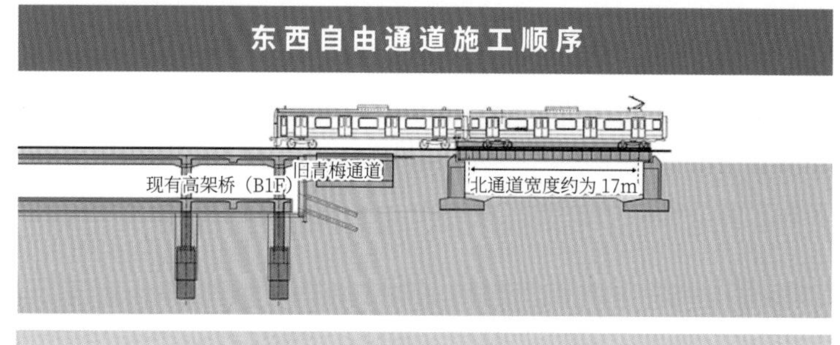

①施工前，北通道宽度约为 17m

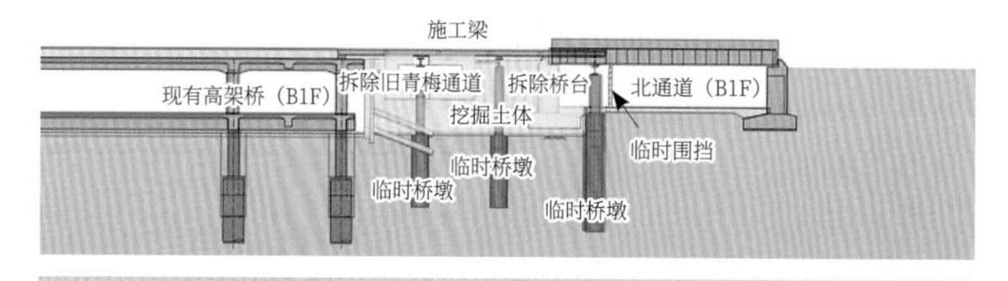

②架设施工梁 / 挖掘土体（第 1 次）/ 拆除现有构筑物

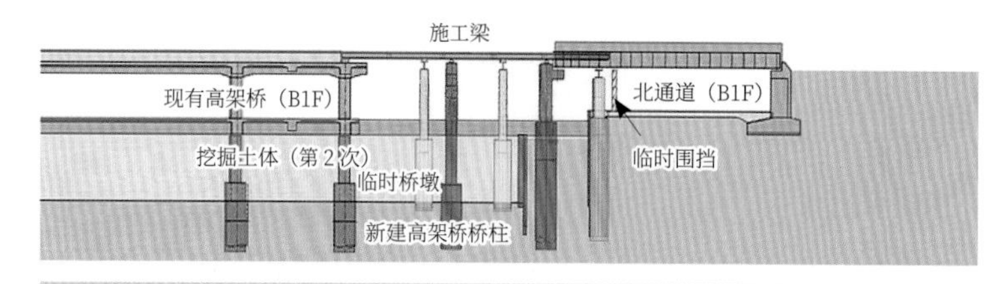

③高架桥架设 / 挖掘土体（第 2 次）

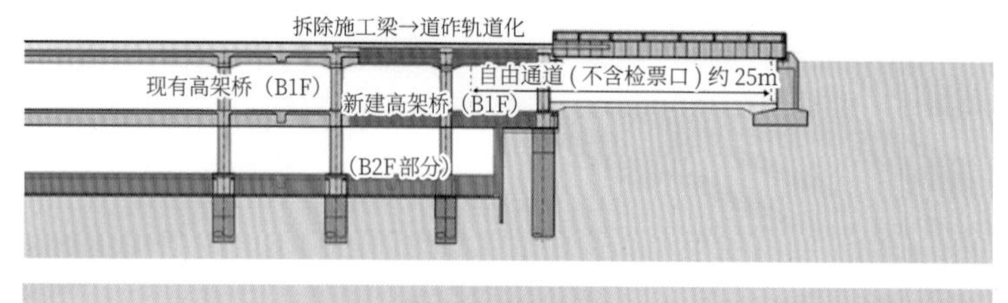

④自由通道完成

4.3 立体交通枢纽模式

THREE-DIMENSIONAL TRANSPORTATION HUB DEVELOPMENT MODE

地上、地下空间开发协同、映射，共同助力城市立体交通。

特点及适用范围

交通功能齐全、通达性好，适用于现代城市综合交通枢纽开发。

中铁十七局集团有限公司施工的沙坪坝铁路综合交通枢纽位于市中心区三峡广场南侧，是国内最大、功能最全、全方位的现代化城市综合交通枢纽之一，集高铁、地铁、公交、出租以及停车于一体。地下8层、地上2层，包括成渝客专沙坪坝站房、进站通道、地下出站通道、高铁站台、铁路配套用房等，誉为“上天入地”超级大工程。人车分流，立体换乘，任意换乘最长距离不超过200m。

4.4 站城一体化（TOD）模式

TRANSIT-ORIENTED DEVELOPMENT MODE

根据土地开发的整体规划，采取“地下交通枢纽站和周边土地一体化开发的模式”，使工作、居住、休闲、交通、教育、医疗等包含日常生活的各个方面有机衔接。

特点及适用范围

实现城市间的地下通联，功能一体化；适用于周边城际间的多业态融合开发。

- 航空港 + 轨道交通 + 地面交通 + 地下空间综合开发 + 地上物业综合开发。
- 高铁站 + 城市轨道交通 + 地面交通 + 地下空间综合开发 + 地上物业综合开发。
- 城市轨道交通换乘中心 + 地面交通 + 地下空间综合开发 + 地上物业综合开发。

广州白云枢纽场站综合体位于白云区南部，是广州市对外交流的主要交通枢纽之一。站房主体为地上三层、地下两层，总建筑面积 14.3 万 m^2，上盖物业开发（23.4 万 m^2）、线侧开发（24.5 万 m^2）。站房整体形象呼应“云山珠水，木棉花开”的设计理念，以展现广州城市名片为核心，构筑绿色生态城市形象，与周边建筑环境呼应协调。以轨道交通网络为驱动，以公共交通服务、都市文化休闲服务、商务办公、商务服务和商业消费五大核心功能，构建人流互相输送、循环共生的城市服务生态体系和功能集合，是典型的站城一体化（TOD）开发模式。

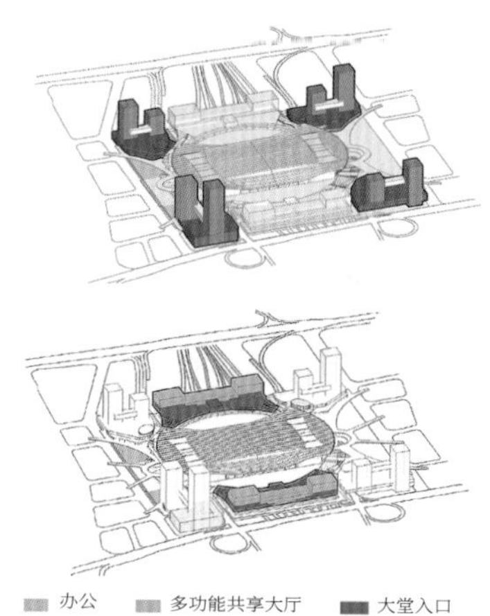

4.5 地下街区（USD）模式

UNDERGROUND STREET DEVELOPMENT MODE

针对繁华的核心商业街区，为扩展商业开发区域，承接交通疏导，采用地下街区模式，实现城市核心商业街区功能的便捷性。

特点及适用范围

实现商业区的即时性、便利性、通达性；适用城市核心商业区功能开发。

苏州滨湖新城地下街区位于中央中轴大道下方，以4号线霞溪路为中心，以城市与自然的融合为设计理念，通过车站、地下空间、城市街区融合，形成规模10万 m^2 富有魅力的地下商业街道。

4.6 地下城市开发模式

UNDERGROUND CITY DEVELOPMENT MODE

把地上设施转入地下，建设地下快速交通，地下商业、医院、学校，地下污水处理设施，地下文化娱乐、仓储设施等，形成满足人类社会生产、生活、交通、环保、能源、安全、防灾减灾等需求的地下城市，使更多的土地用来城市美化和绿化，让城市居民生活在园林和山水之中。

特点及适用范围

避免自然灾害对人类生活的影响，减少环境污染，实现人与自然的高度融合；适用于未来地下城市。

蒙特利尔地下城的地下步行网络总长度超过 32km，共有地面出入口约 900 个，每天人流量约 50 万人次，已成为世界上最大的步行网络之一；通过该步行网络连接了 10 个地铁站、2 个火车站、2 个国际长途汽车枢纽、31 个地下停车场、1060 套住宅、1843 家商店、3 个会议中心和展览馆、9 个酒店 4265 套房间、10 家剧院和音乐厅以及 1 座博物馆。

1. 融合形式

- 与地下交通网融合，防与疏解结合，建设城市人防与避难中心（一级）。
- 与生命救援系统融合，落实以人为本，建设城市人防与避难救援站（二级）。
- 与单体建筑地下空间融合，建设掩体（建筑融合，三级）。
- 与 8 大系统融合，综合管廊（给水 / 排水 / 风 / 电 / 气 / 油 / 讯 / 网络）支撑城市运行。
- 与地下商业融合，建设战略物资储备。
- 与地下设施融合，建设应急保障系统，地下供电 / 地下给水 / 地下指挥。

2. 特点及适用范围

国防、民防与城市地下空间工程融合。

战略目标

全要素	高效益	多领域
要求有利于战斗力提升和生产力提高的全部要素都实现无缝对接、深度融合	要求全面优化整个国家的资源配置，使经济建设和国防建设共享一个经济技术基础	要求经济社会和国防军队两大系统中有交集的所有领域、全部行业都实现深度融合

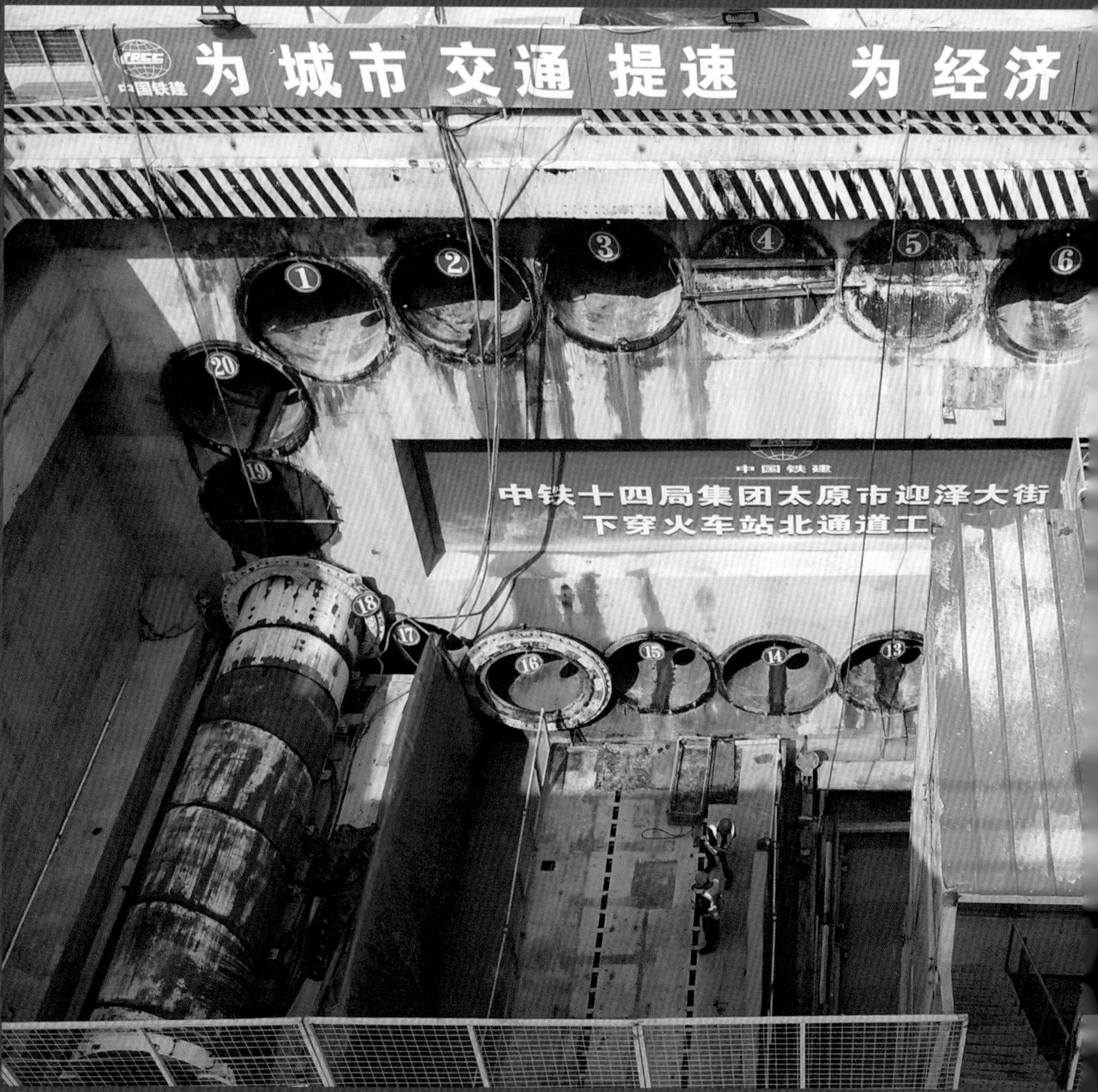

中国铁建
为城市交通提速 为经济
中国铁建
中铁十四局集团太原市迎泽大街
下穿火车站北通道工

05 建造技术

CONSTRUCTION TECHNOLOGY

本章基于我们对城市地下空间的思考、中国铁建多年来在地下空间领域的工程实践经验和国家重点研发计划项目研究成果，在介绍地下空间规划设计原则、方法和针对 50m 以浅、50m 以深不同深度的地下空间建造思路的基础上，系统总结了城市地下空间安全建造、绿色营造、智能运维等技术，并在此基础上提出了千米级深部地下空间开发与利用的科技攻关布局，展示了部分典型工程。

DEVELOPMENT AND UTILIZATION OF UNDERGROUND SPACE

05

5.1.1 规划设计原则

1. 立法先行

建议完善城市地下空间开发与利用的法律法规体系。根据《城乡规划法》《土地法》《物权法》《环境保护法》等现行法律法规，结合各城市的具体情况，完善我国城市地下空间开发法律法规体系，明确地下空间开发红线、物权及开发程序等，促进我国城市地下空间开发健康发展。

❖ 明确“第四国土”资源

明确城市地下空间为“第四国土”（领土、领空、领海、深地）资源，融入国土资源管理法律法规体系。

❖ 建立地下红线制度

基于《物权法》和地面建筑红线，同步建立地下红线概念，明确建筑物地上红线 + 地下 50m（基础埋深 40m+ 持力层 10m）截面为地下红线。

❖ 建立规划刚性约束机制

针对我国当前城市规划执行随意性的问题，完善相应法律，强化规划刚性约束，确保规划一经批准必须严格执行，任何部门和个人不得随意修改、违规变更，坚决维护规划的严肃性和权威性，确保“一张蓝图干到底”。

2. 规划牵引

城市地下空间规划是对城市地下空间综合性开发与利用做出科学合理的安排，以促进城市地上、地下协同发展，由于地下工程可改造性差、技术复杂、投资大，更应强调规划牵引。

- 制定地下空间长远规划，“一张蓝图干到底”。
- 浅层地下空间与深部地下空间的开发与利用要系统规划、协同发展。

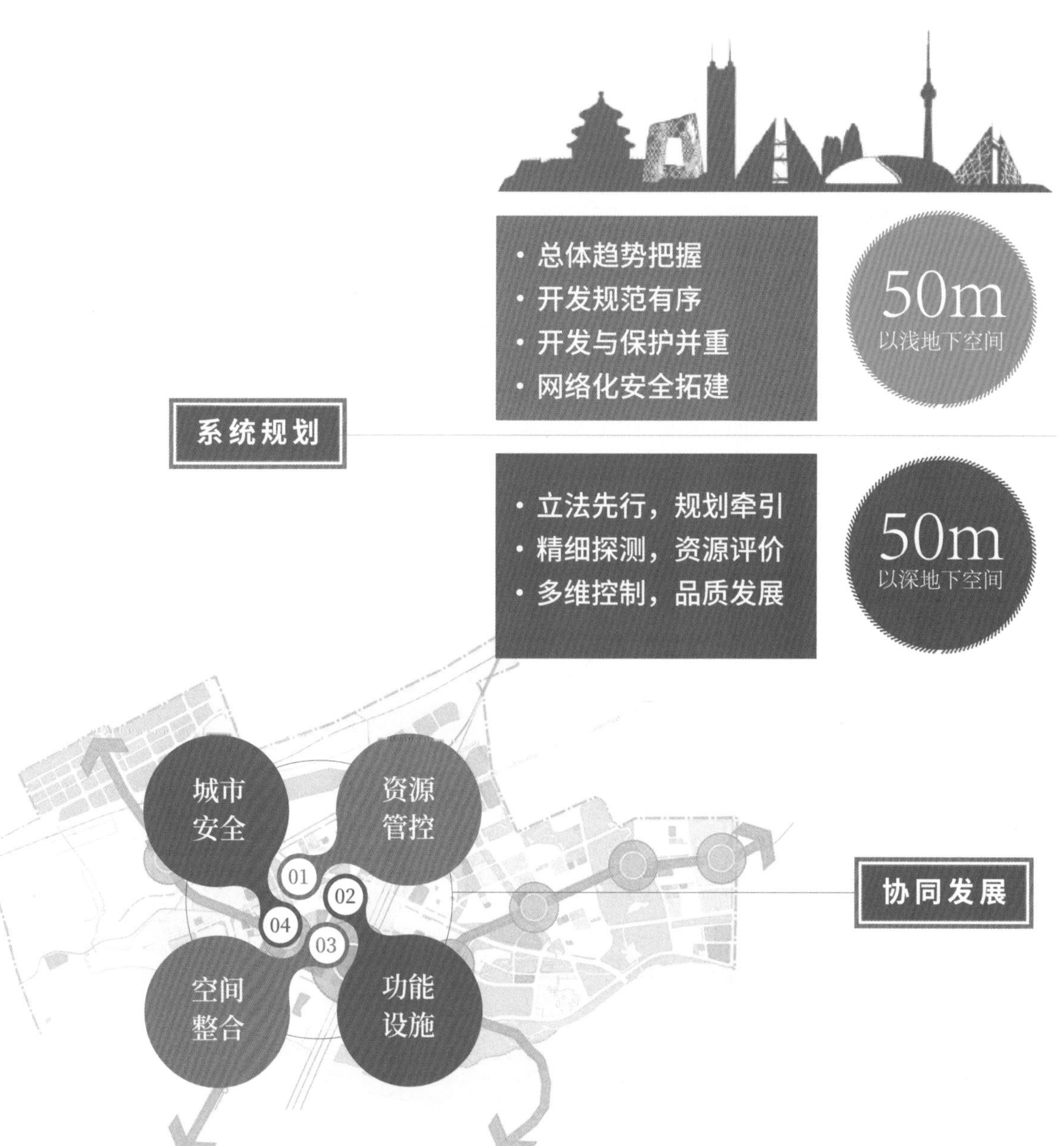

3. 需求导向

以功能需求为出发点，构建城市地下空间。

❖ 以地下交通为主骨架

沿城市道路、轨道交通、城际铁路等为主骨架，开发地下步行道、停车场、综合管廊、智能物流、人防、紧急救援通道及地下商业、娱乐等设施。高度重视地下步行道系统的构建。

❖ 以大型地下空间（枢纽、商服）为节点

以中心商业轴带动沿线各组团地下空间连通开发；内部、外部与周边连接；以地下交通节点为中心，进行 TOD 模式开发。

❖ 以生产与服务为中心

既要突出城市生命力承载系统的功能需要，又要充分考虑满足人民的日常生活配套服务需求，实现“三生”融合。

❖ 以融合发展为着眼点

结合城市网格化管理，实现城市应急避难中心与人防相结合的一体化设计。

4. 可持续发展

❖ 长远规划

千年难看透，不如多留白；需后续发展的预留条件，功能不确定的预留空间。

❖ 集约开发

开发与保护结合、近期与远期结合，形成规模适度、空间有序、时序合理、用地节约的开发新格局。

❖ 有序利用

按照安全、高效、适度的原则，结合功能需求，积极利用浅层地下空间，统筹利用中等深度地下空间，有条件的利用大深度地下空间。

❖ 合理布局

协调各系统的空间布局，制定相互避让原则，明确各系统平面及竖向层次关系，实施分层管控及引导。

5. 安全前置

基于全寿命周期，全方位、全过程进行安全管理，规划阶段考虑建设、运营的安全风险，减少不必要的技术难度和挑战才能从源头上降低风险，才是本质安全；设计阶段工法的确定必须基于安全、技术、经济性综合考虑，落实安全第一、生命至上理念。从规划设计源头研究规避、降低和防范地下空间安全风险，包括：区域环境安全、防灾减灾能力、结构安全、施工安全、运营安全。

具体手段包括：

- 韧性设计
- 红线管理
- 空间留白
- 高效疏散
- 合理分层
- 接口预留
- 适度规模
- 合理选址
- 结构评价
- 时序控制
- 互联互通
- 民防融合
- 硬性隔离
- 开口加固
- 共墙结构
- 安全托换
- 结构冗余
- 消防救援

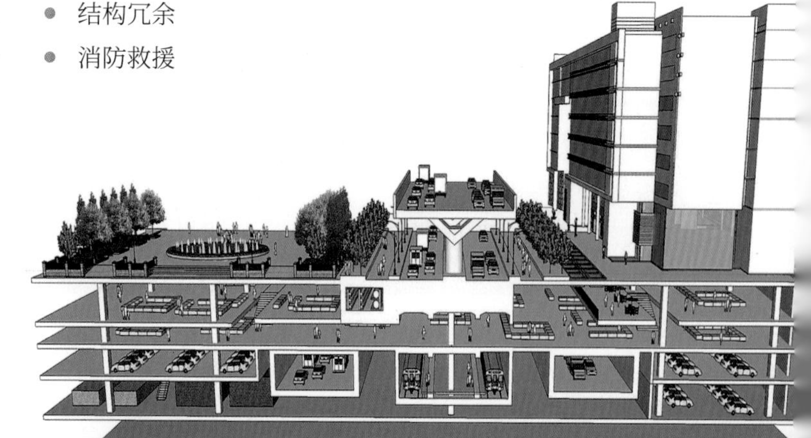

空间布局和建设时序不合理，会导致后建工程与既有工程近接、连通、扩建等施工，存在安全风险隐患；规划设计选址不合理，会增加工程难度和加大安全风险。所以安全工作应该从前端开始，包括：

- 规划科学合理
- 建造时序合理
- 空间布局合理
- 结构设计合理

构建地上、地下融合，跨行业、跨专业融合，通过空间叠加，实现多层空间互联互通

破解地下空间孤岛问题，基于步道、城市轨道交通（URT）连接体系，构建多功能地下街区

改变现有民防体系，调整民防战略，建立城市应急避难与民防结合的新体系

5.1.2 规划设计方法

1. 六大协调

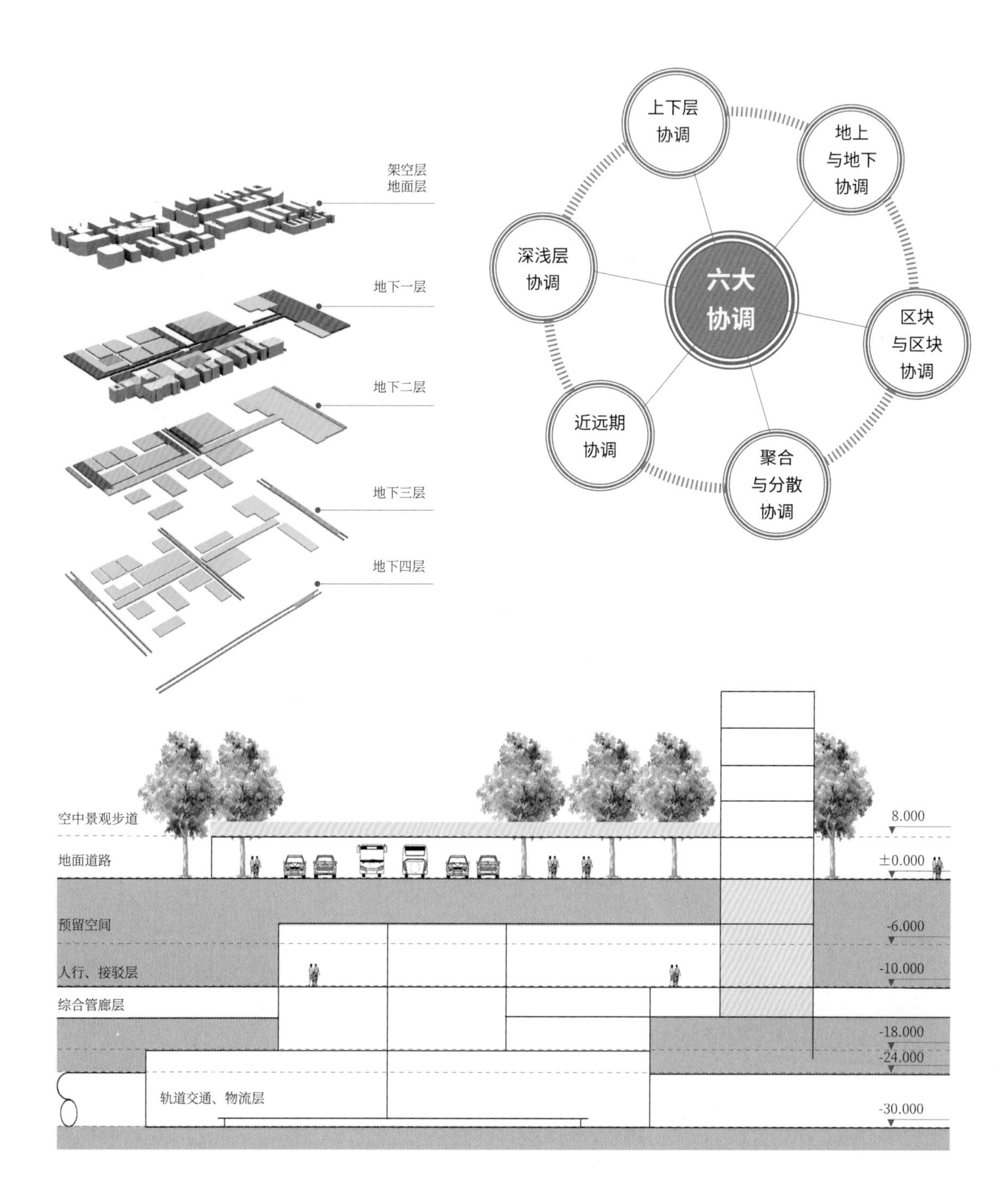

2. 多维控制

多维控制
一维控制
城市市政道路、轨道交通、沿线功能
二维控制
平面区块定位、接口预留、重点区域
三维控制
深度分层功能、浅层预留接口、深层物权公有化
四维控制
建设时序安排、先期考虑、接口标准化
五维控制
空间尺度、声光环境、导向控制

3. “长藤结瓜”

- 先期以地下交通和市政公用空间为主轴完善功能配备，后续根据需求，逐步开发周边各个地块地下空间单体，并接通已预留接口的地下主轴，形成功能互补的连通空间。
- 空间建设与绿地、林地生态交错穿插，构建山水园林生态城市。
- 标准化与个性化融合：主轴个性、特色、创新设计，两侧各区块标准化、一体化设计，既体现了建筑风格的个性张扬，又有利于标准化、装配化、集约化建造。

4. “黄金”分配

❖ 地下支持地面

全面促进地面宜居、和谐与可持续发展。

❖ 两个“黄金”分配原则

- 未来区域交通：地上0.6，地下0.4。
- 未来市内交通：地下0.6，地上0.4。

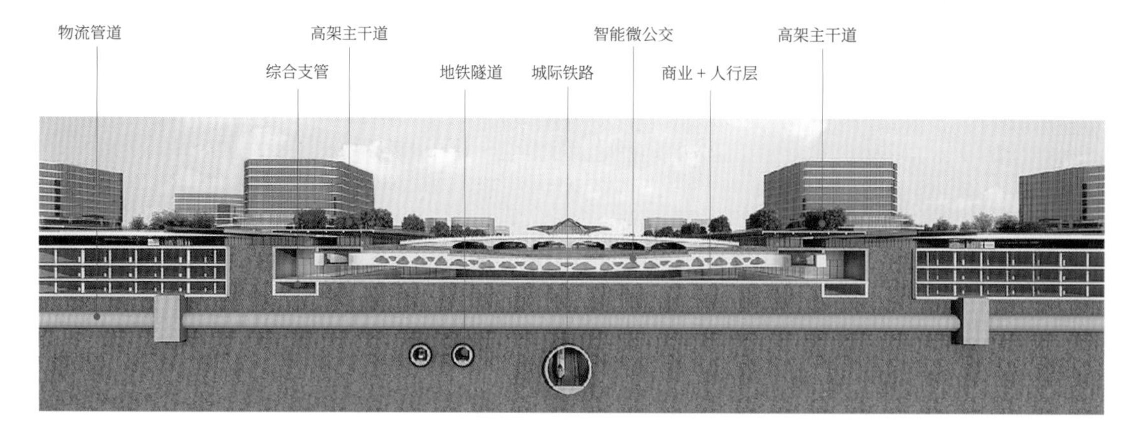

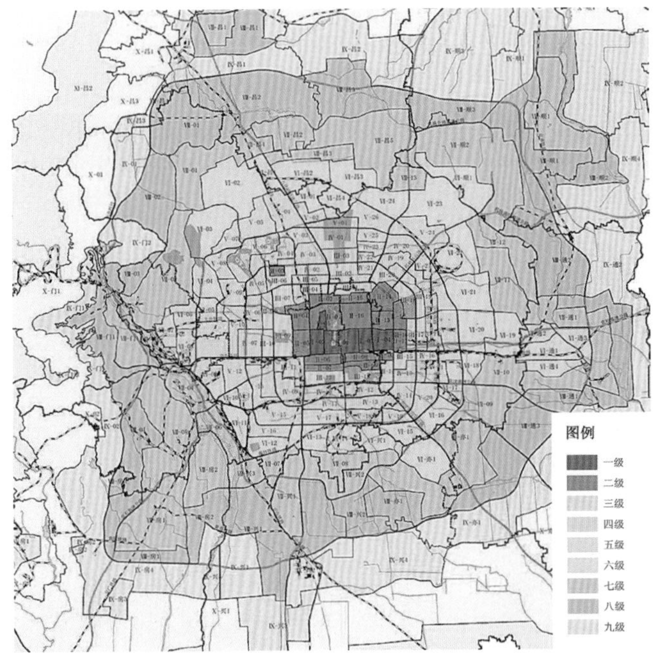

5. 价值等高线开发

- 根据城市土地价值高低绘出城市土地价值等高线。
- 地下空间依据等高线从高向低梯次开发，土地价值高的地方，地下空间开发价值高，商业利用率越高。
- 确定地下空间开发的最佳起始点及后续发展方向，对于未来地下空间开发非常重要。

6. “中正”有度

- 网格化
- 矩阵式
- 线条式
- 地下空间规矩、方正，而不是迷宫
- 色系标识科学规范，辨识度高
- 灯光色彩柔和

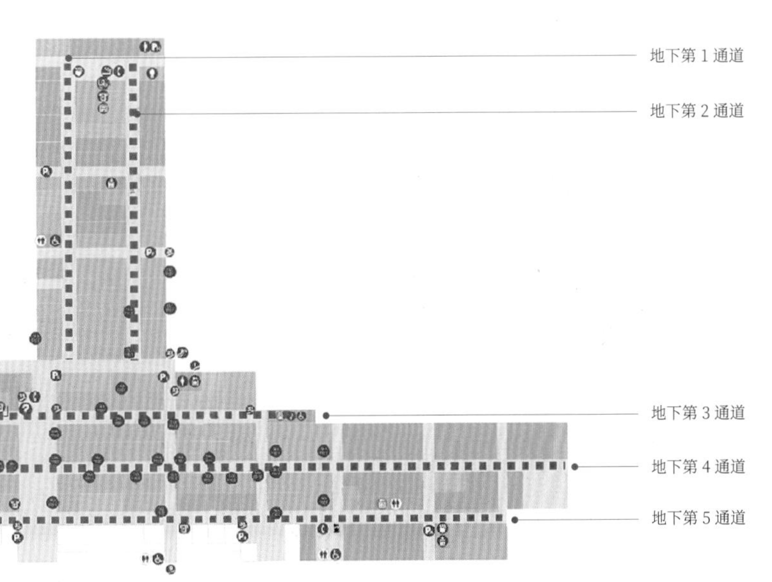

5.1.3 规划设计技术

1. 全要素探测

❖ 目的

通过摸清全地质要素，评估建设的可行性，规避不良地质风险，降低建造难度。

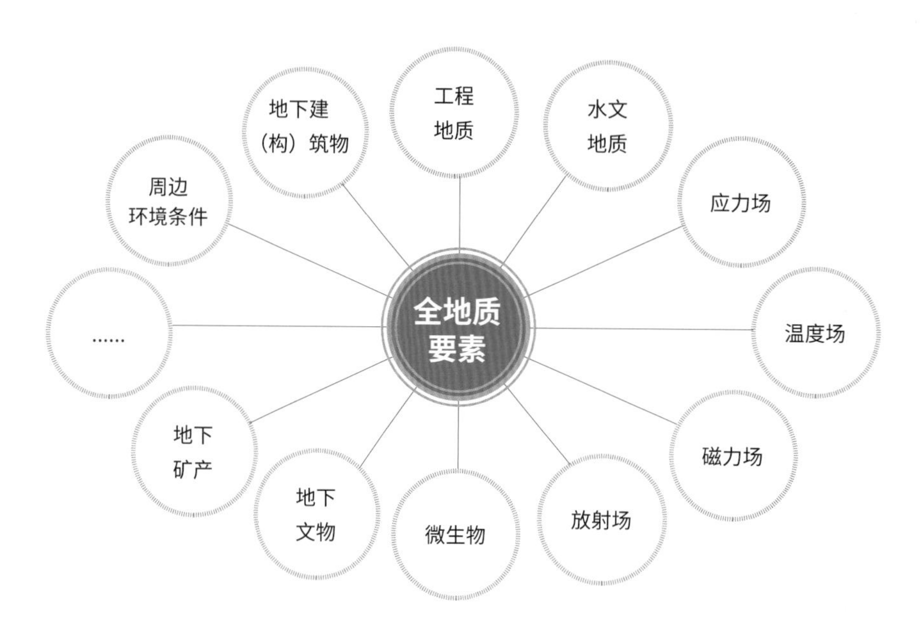

城市抗干扰地球物理探测技术

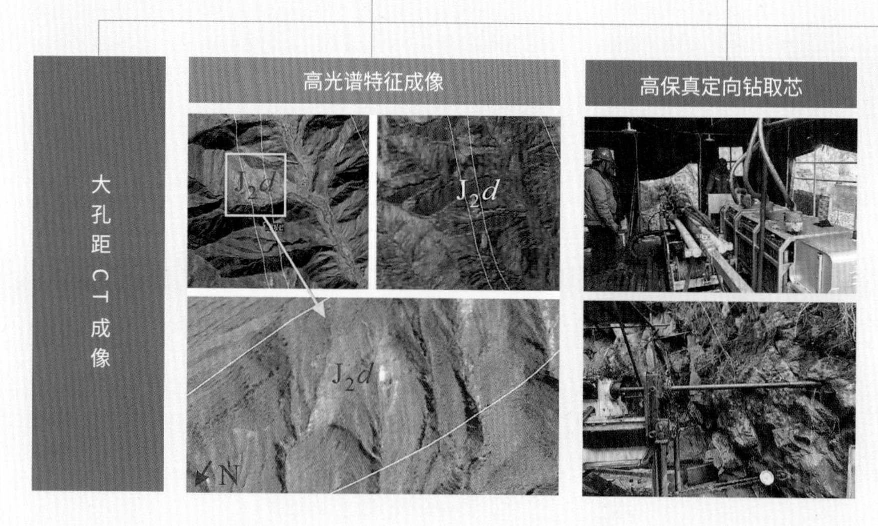

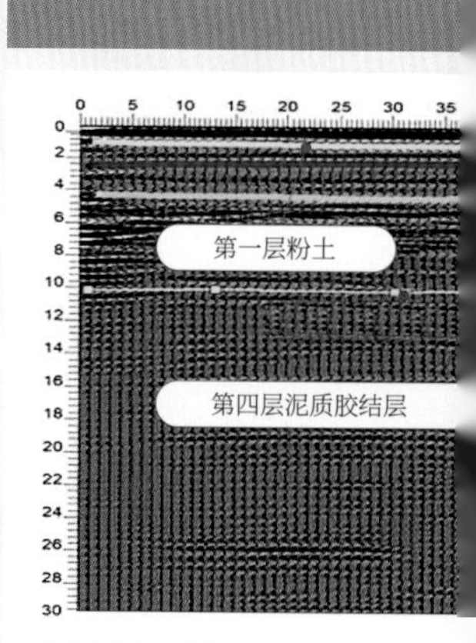

城市地下全要素地质模型构建技术

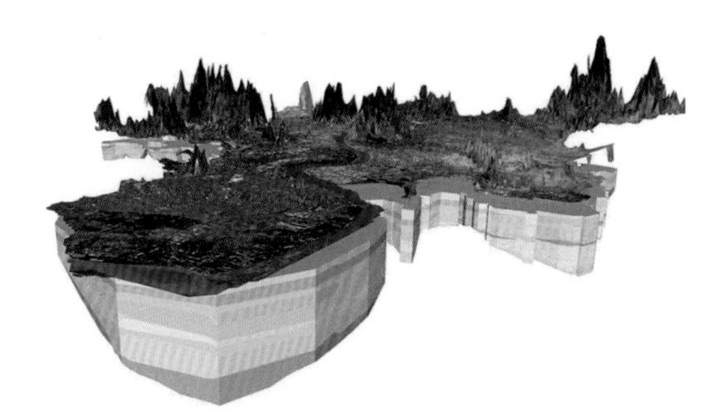

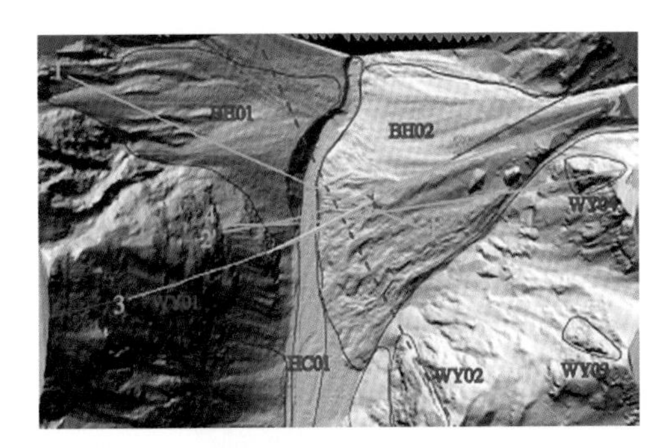

要素语义规则约束

模型变化识别更新

模型可靠性度量

地下空间全域全时感知与动态调馈技术

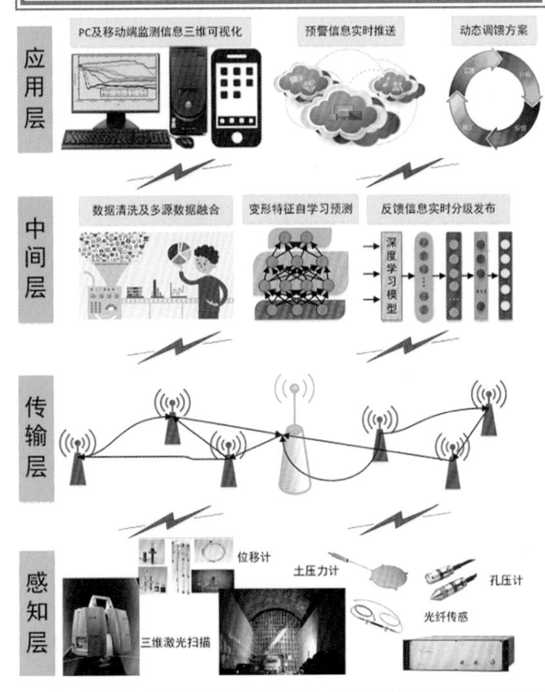

自学习智能互馈

全空间覆盖

长寿命感知

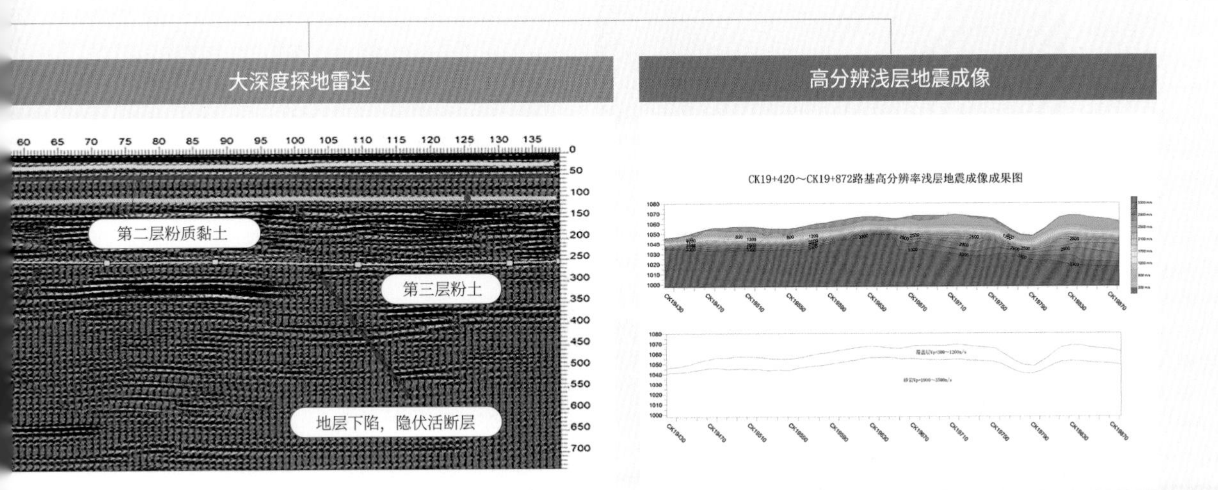

2. 全资源评价

❖ 目的

基于全要素探测信息，采用智能建模和信息集成技术，对地下空间开展更全面、更精细三维全资源整体评价，实现风险管控、合理选址和科学决策。

❖ 全资源评价技术

- 三维全资源整体评价指标体系与方法。
- 全要素信息集成智能建模与全资源评价平台。

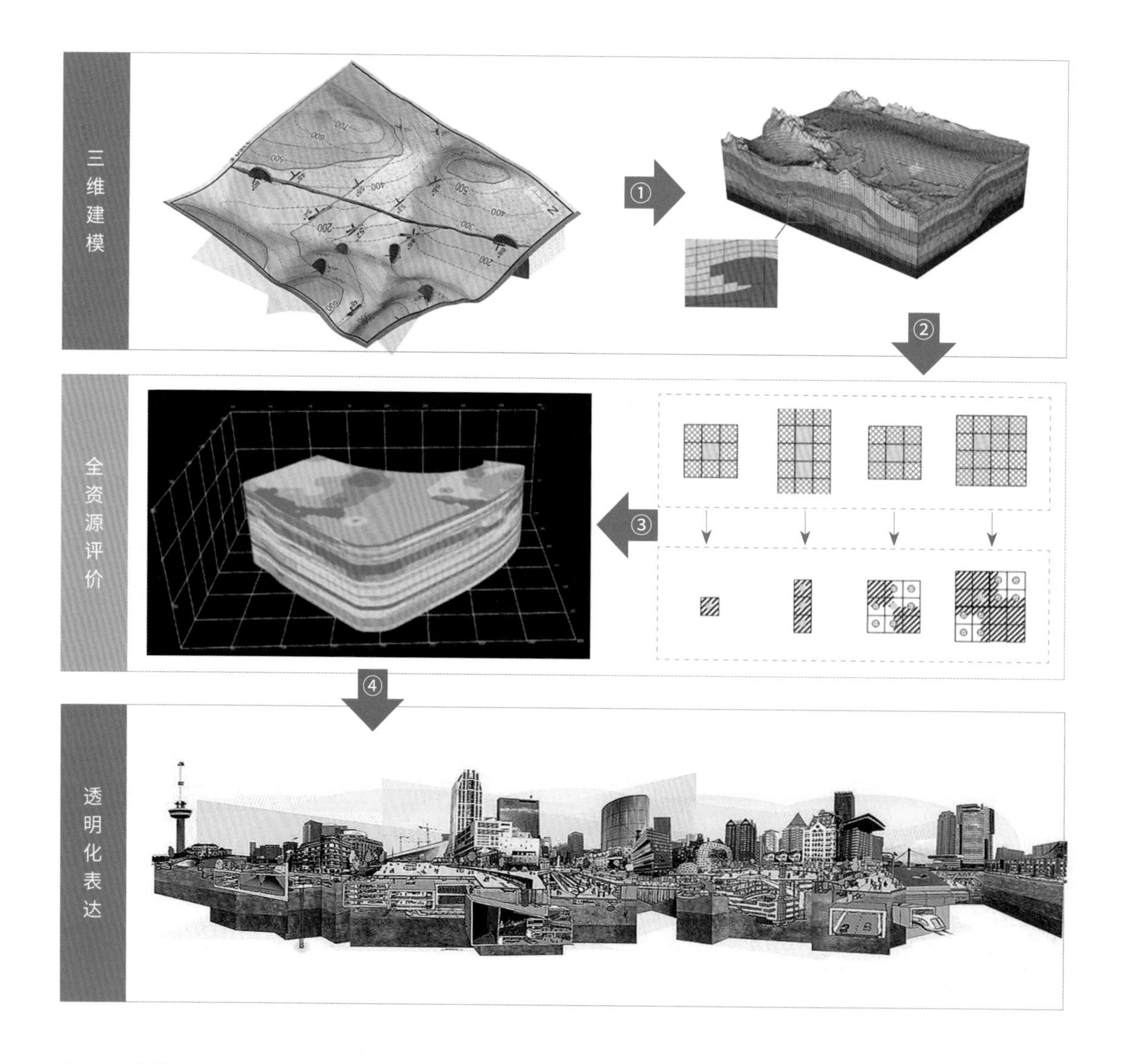

3. 智能化设计

建筑信息模型（BIM）搭建、虚拟现实（VR）大场景协同设计、碰撞检测、虚拟拼装、3D 打印，形成 BIM+VR+ 仿真分析智能设计，实现数据贯通。

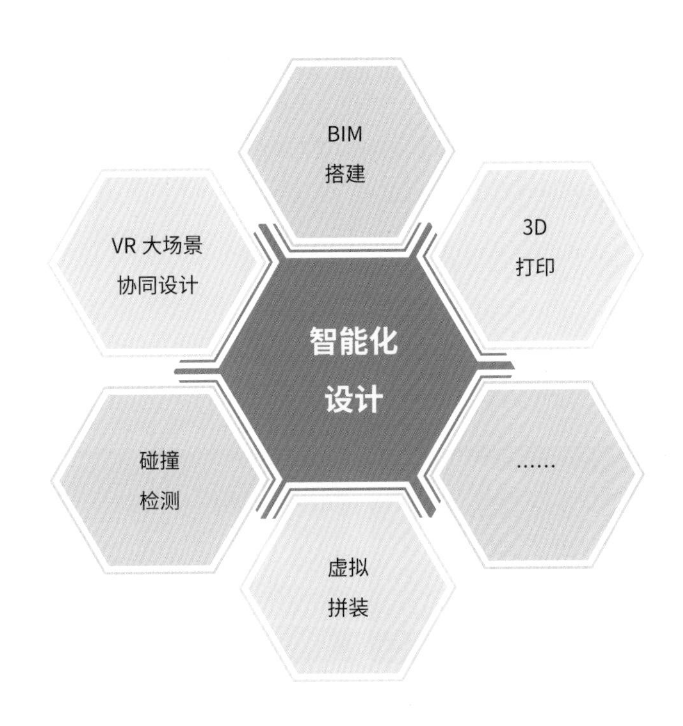

4. 结构设计

❖ 设计原则

结构耐久、安全可靠、布局合理、防灾减灾、技术先进、经济适用。

❖ 设计方法

理论 + 工程类比 + 数值模拟 + 工程试验。

❖ 结构类型及体系

网络化拓建、支护结构一体化、装配式等，地层（围岩）+ 支护结构 + 主体结构 + 防排水结构；支护结构选择锚杆、锚索时，宜采用可回收的设计方法。

5. 建筑设计

❖ 设计原则

以人为本、绿色环保、艺术融合、价值特征、功能融合、刚柔相济、循环利用、系统综合。

❖ 设计方法

象征符号法 + 平面功能法 + 构图法 + 结构法 + 建筑沿革法。

❖ 建筑艺术

展示城市特色，给予人独特记忆的特色地下空间。

6. 色系设计

基于基础的色彩组织系统（PCCS）色系模型及地下空间特点，规划地下空间主题色、安全色与禁止色 3 层次色彩体系，明确各自取色原则及使用场景。

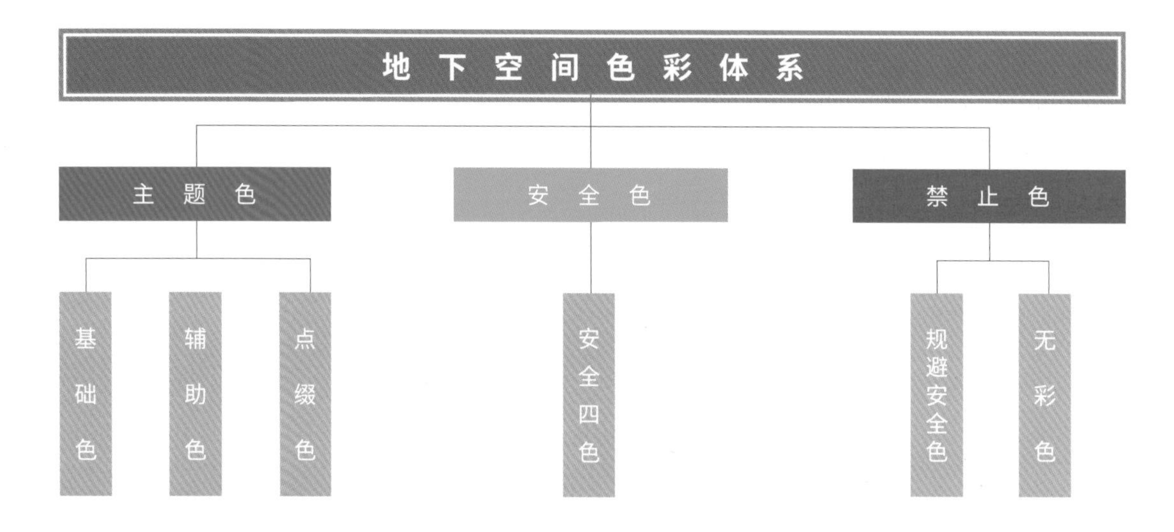

安全色色谱

色彩	色块	RGB	含义
红色		R:255 G:0 B:0	禁止、停止、危险、消防、特殊设施
黄色		R:255 G:255 B:0	警告、注意
蓝色		R:0 G:0 B:255	指令、遵守
绿色		R:0 G:255 B:0	安全、信息

PCCS 色系

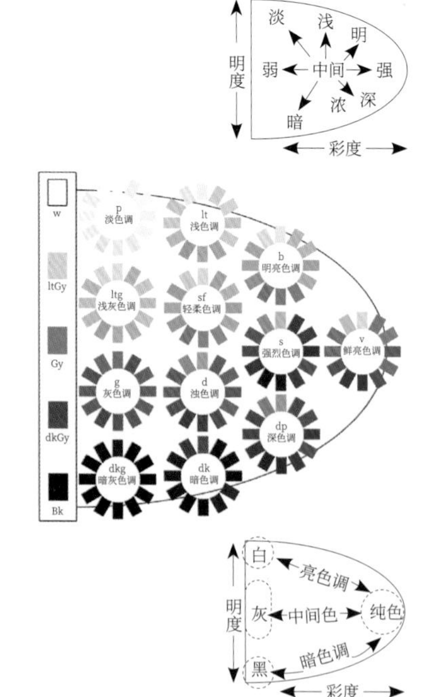

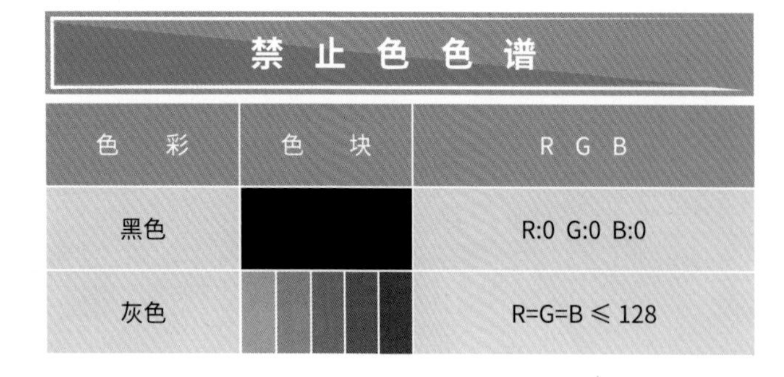

禁止色色谱

色彩	色块	RGB
黑色		R:0 G:0 B:0
灰色		R=G=B ≤ 128

7. 导向标识设计

❖ 设计原则

功能性、规范性、美观性。功能性要求其达到“此时无声胜有声”的识别效果，规范性要求其图案和文字要严格执行国内和国际统一标准，美观性要求其最终视觉效果要与其所处的人文环境相和谐适应。

❖ 设计内容

指示系统、导向牌、指示牌等。

❖ 导向标识系统

指南标识类、诱导标识类、名称标识类、说明标识类、禁止标识类。

8. 系统设计

完备的功能系统

安防系统

- 人防系统
- 出入系统
- 报警系统
- 视频监控系统
- 防爆检查系统

应急救援系统

- 防灾系统
- 疏散系统
- 救援系统
- 恢复系统

运维系统

- 调度系统
- 运营系统
- 维保系统
- 监测系统
- 监控系统

人居环境系统

- 采光系统
- 空调系统
- 除湿系统
- 降噪系统
- 绿植系统
- 休闲娱乐

导识系统

- 色系系统
- 导向系统
- 标识系统

保障系统

- 交通系统
- 供电系统
- 信号系统
- 通信系统
- 通风系统
- 给排水系统
- 消防系统
- 动力照明
- 物流仓储系统
- 医疗卫生防疫系统
- 垃圾处理系统
- 其他系统

9. 节能环保设计

❖ 设计内容

● 自然采光设计，采用导光管、棱镜导光装置、光导纤维等采光及光电效应采光技术。

● 通风节能设计，利用温度差所造成的热压或风力作用而产生的风压实现换气，改善地下空间的空气质量，节能降耗。

● 地源热泵可再生能源设计，高效节能。

● 分布式储能设计，提高稳定性、经济性、可靠性。

● 充分利用地下恒温恒湿等特性，调节地下空间系统环境。

● 利用地下生态圈水平衡及自净规律，改善水循环系统。

❖ 节能环保设计体系

节能、节地、节水、节材和环境保护。

受地质、深度和环境条件影响，浅部和深部地下空间建造的难度、关键技术差异大，本节按 50m 以浅和 50m 以深分别提出了地下空间建造思路和技术方案。50m 以浅地下空间主要加强系统规范、采用网络化拓建的思路，重点介绍网络化拓建、装配式、支护结构一体化、先墙后拱交叉中隔壁法（PBCRD）、沉管、顶进、异形盾构等建造技术；在 50m 以浅地下空间建造技术的基础上，针对 50m 以深的深部地下空间开发难点，重点介绍深竖井、长斜井、大跨洞室、地下水处理及深部地下空间施工环境保障等关键技术。

5.2.1 建造思路

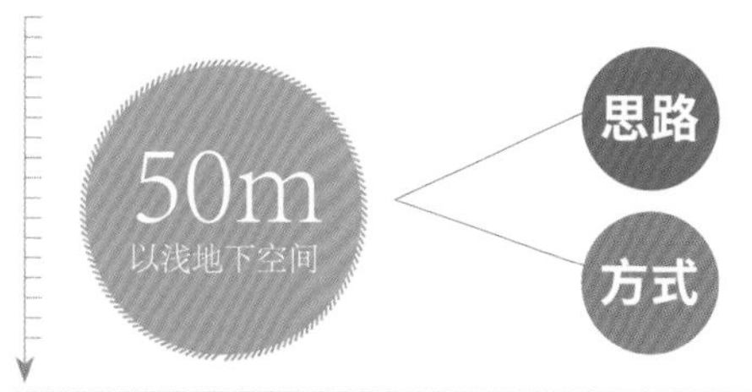

- 针对城市地下空间开发的碎片化、不系统导致的先天不足，急需进行系统化、网络化拓建
- 网络化拓建、浅埋新建

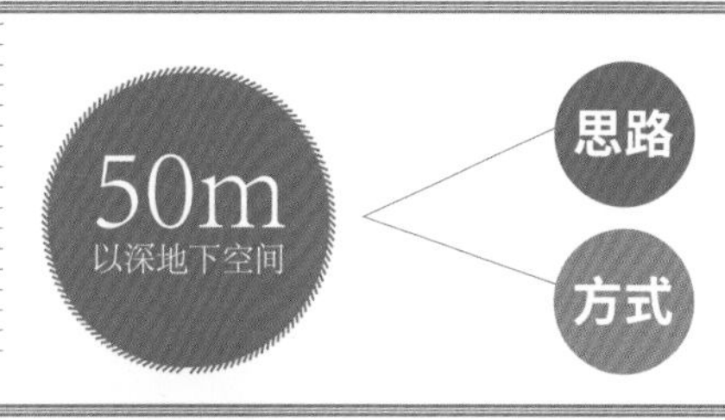

- 针对城市地下空间快速发展、浅层空间不足，需要向深部拓展；立法先行、规划牵引，精细探测、资源评价，多维控制、品质发展
- 协调规划、分层开发、深埋新建

- 以千米级深竖井作为进入深部地下空间的主要通道
- 开展千米级深竖井建造装备研制与工法创新
- 突破现有的爆破、冻结、钻井、注浆等传统技术手段与装备的能力极限

5.2.2 建造方法

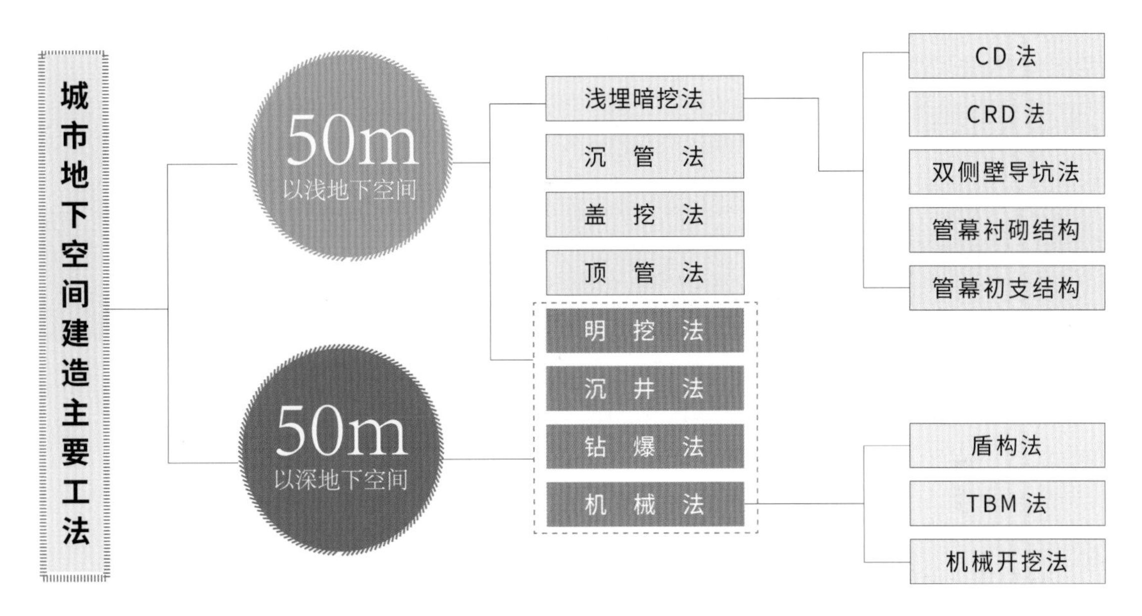

5.2.3 建造技术

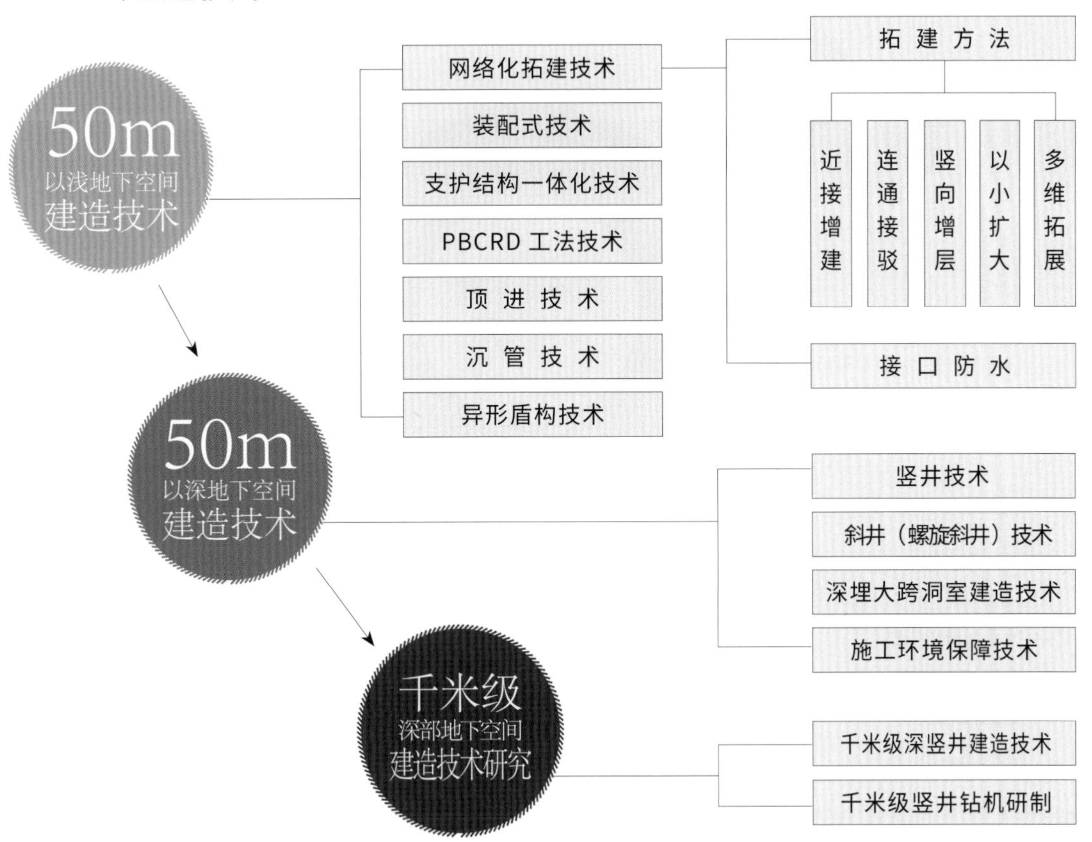

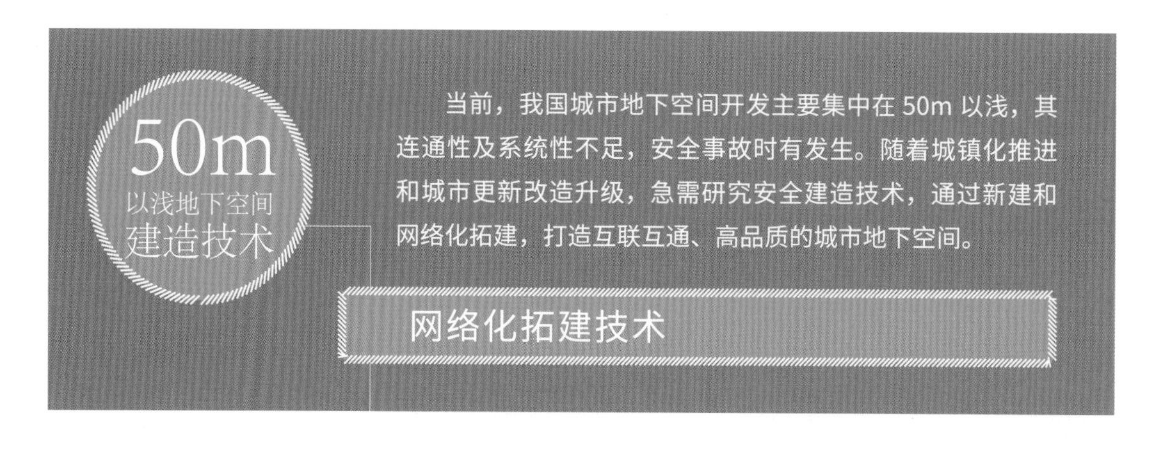

在既有地下空间结构基础上或临近既有结构，采用不同方式改扩建，形成新的地下空间结构。

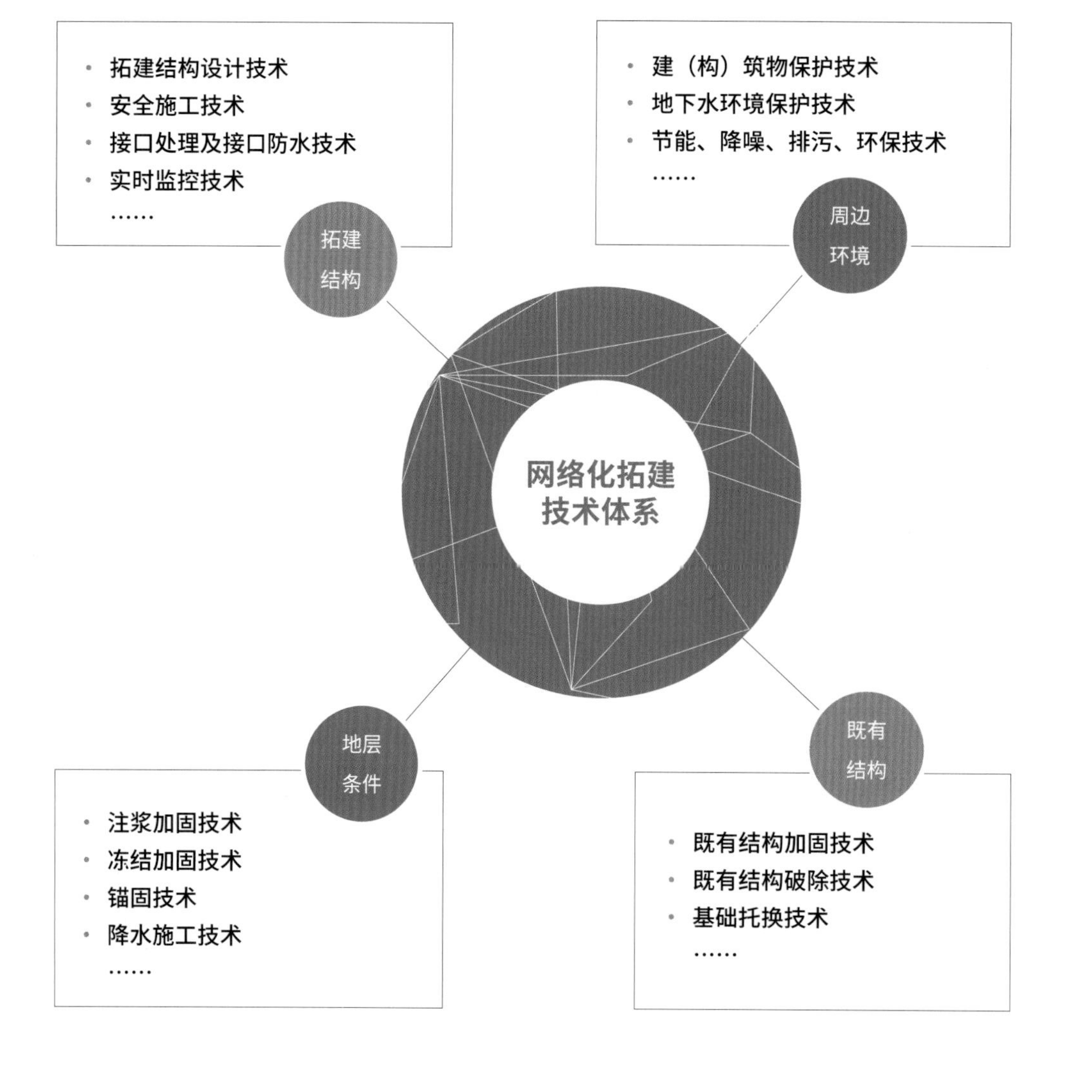

拓建方法 1 近接增建

新建地下空间结构与既有地下空间结构在 X - Z 或 Y - Z 平面的投影搭接，通过共用或密贴方式，连接新建空间与既有空间的主体结构或围护结构，这种拓建方式称为近接增建。

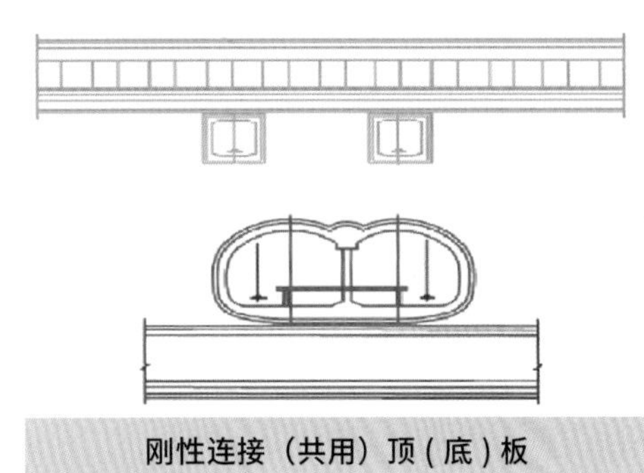

刚性连接（共用）顶（底）板

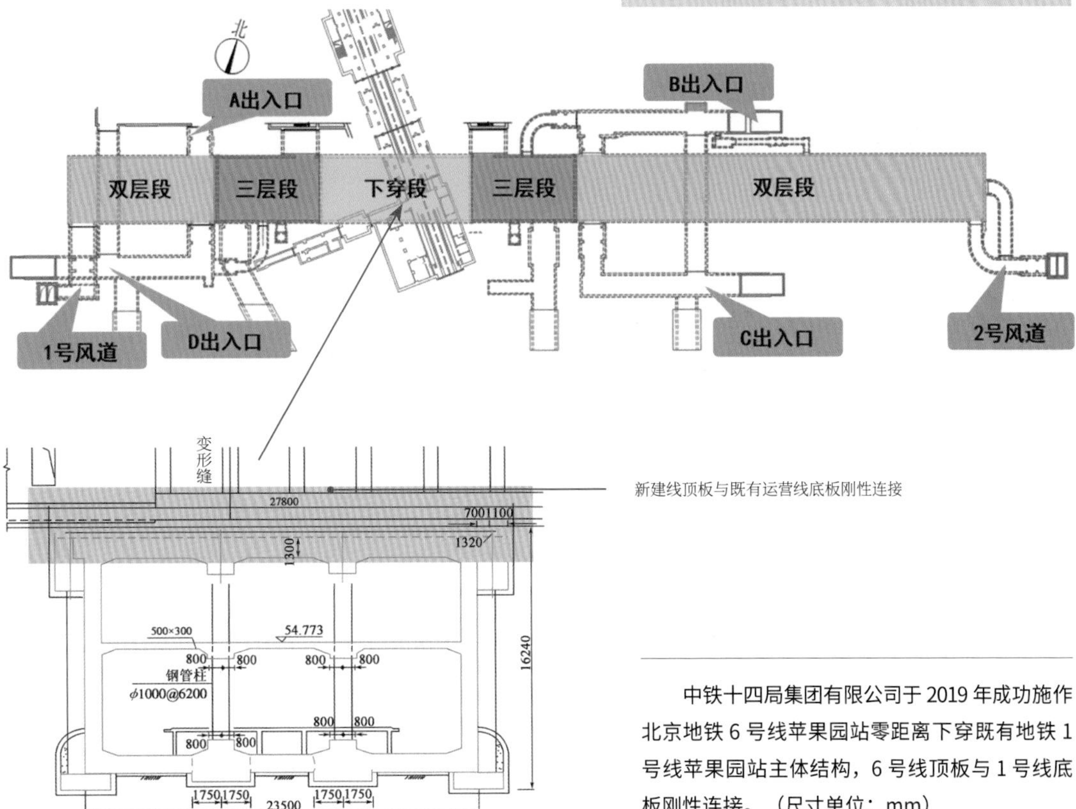

中铁十四局集团有限公司于 2019 年成功施作北京地铁 6 号线苹果园站零距离下穿既有地铁 1 号线苹果园站主体结构，6 号线顶板与 1 号线底板刚性连接。（尺寸单位：mm）

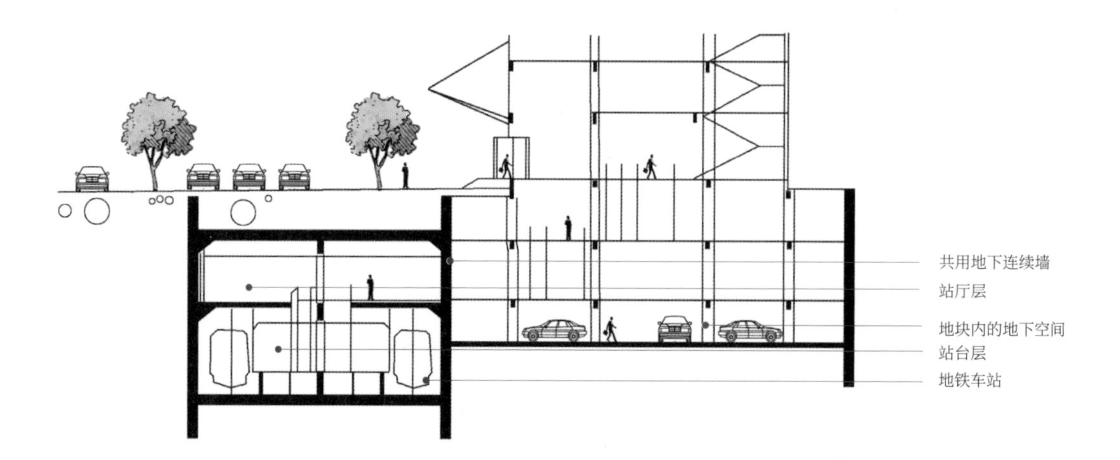

刚性连接（共用）地下连续墙

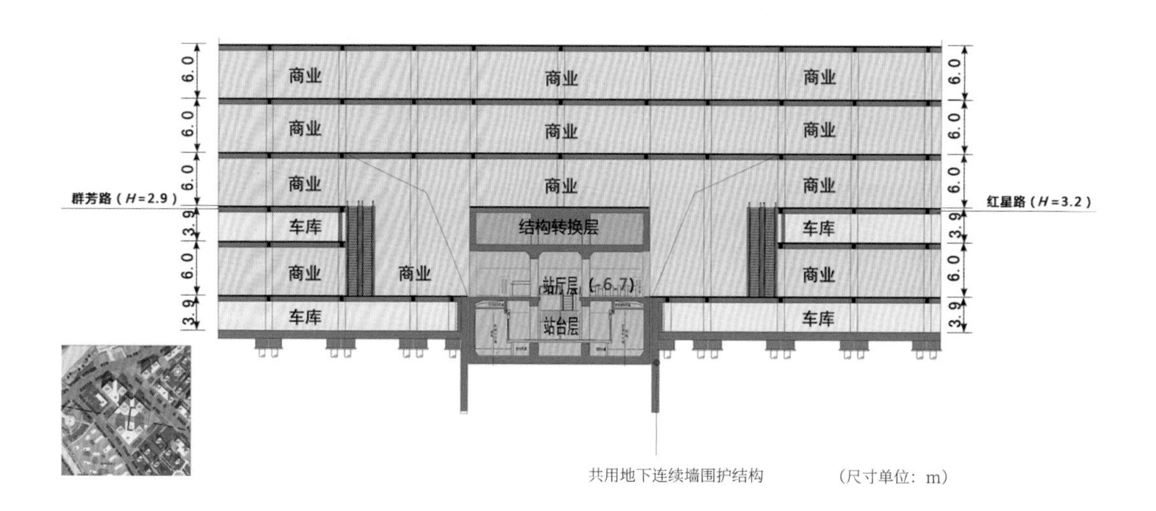

中铁十八局集团有限公司于 2018 年成功施作天津地铁 5 号线思源道站与商业楼群结建项目，新开发的商业楼群基坑防护结构共用了地铁车站的围护结构。

拓建方法 2 连通接驳

采用开口、通道、下沉广场等方式，建立地下空间与地下空间之间，或地下空间与地面之间的有机联系，形成相互连通的地下空间，这种拓建方式统称为连通接驳。

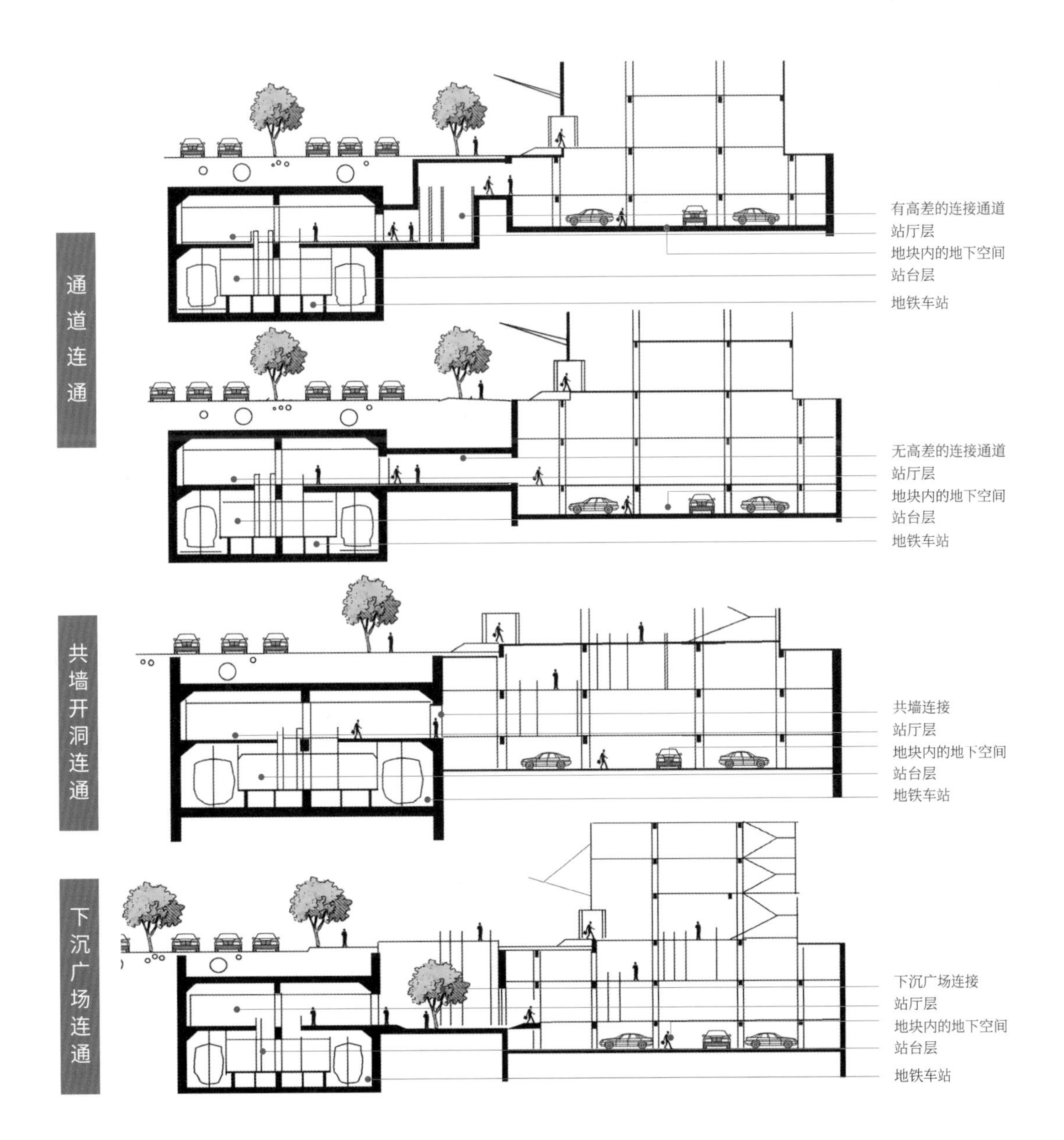

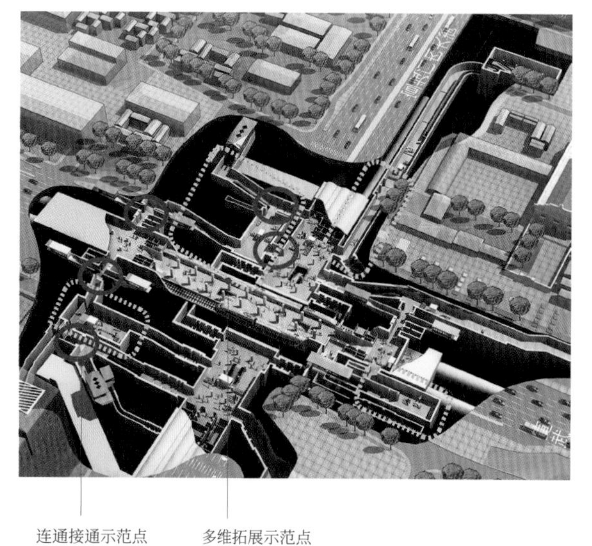

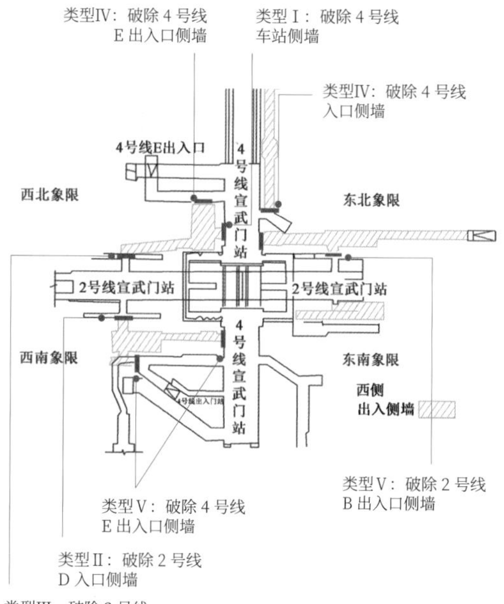

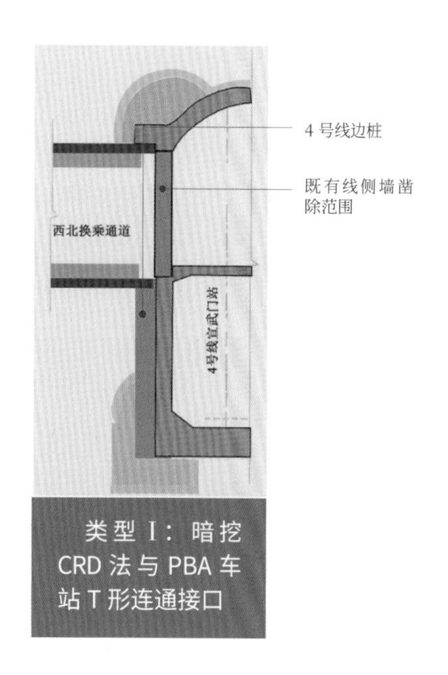

类型Ⅰ：暗挖 CRD 法与 PBA 车站 T 形连通接口

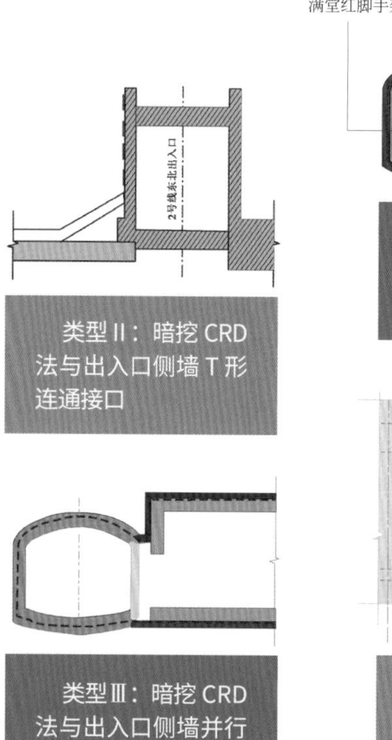

类型Ⅱ：暗挖 CRD 法与出入口侧墙 T 形连通接口

类型Ⅲ：暗挖 CRD 法与出入口侧墙并行连通接口

满堂红脚手架
既有线凿除范围
2号线西北出入口

类型Ⅳ：暗挖中洞法与出入口侧墙 T 形连通接口

新增环梁
侧墙

类型Ⅴ：明挖基坑/竖井与出入口侧墙结构密贴连通接口

中铁十八局集团有限公司正在施工的北京地铁 4 号线宣武门站新增换乘通道工程，在保证换乘站正常运营条件下拓建施工，连通接驳类型 5 种，破除既有车站主体及出入口结构 10 处。

拓建方法

3 ▶ 竖向增层

新建地下空间结构与既有地下空间结构在水平面（X - Y）上的投影重叠或部分重叠，采用原位、平行、交叉等方式，在既有结构上方或下方增建地下空间，并可通过整体或局部连通，这种拓建方式称为竖向增层。

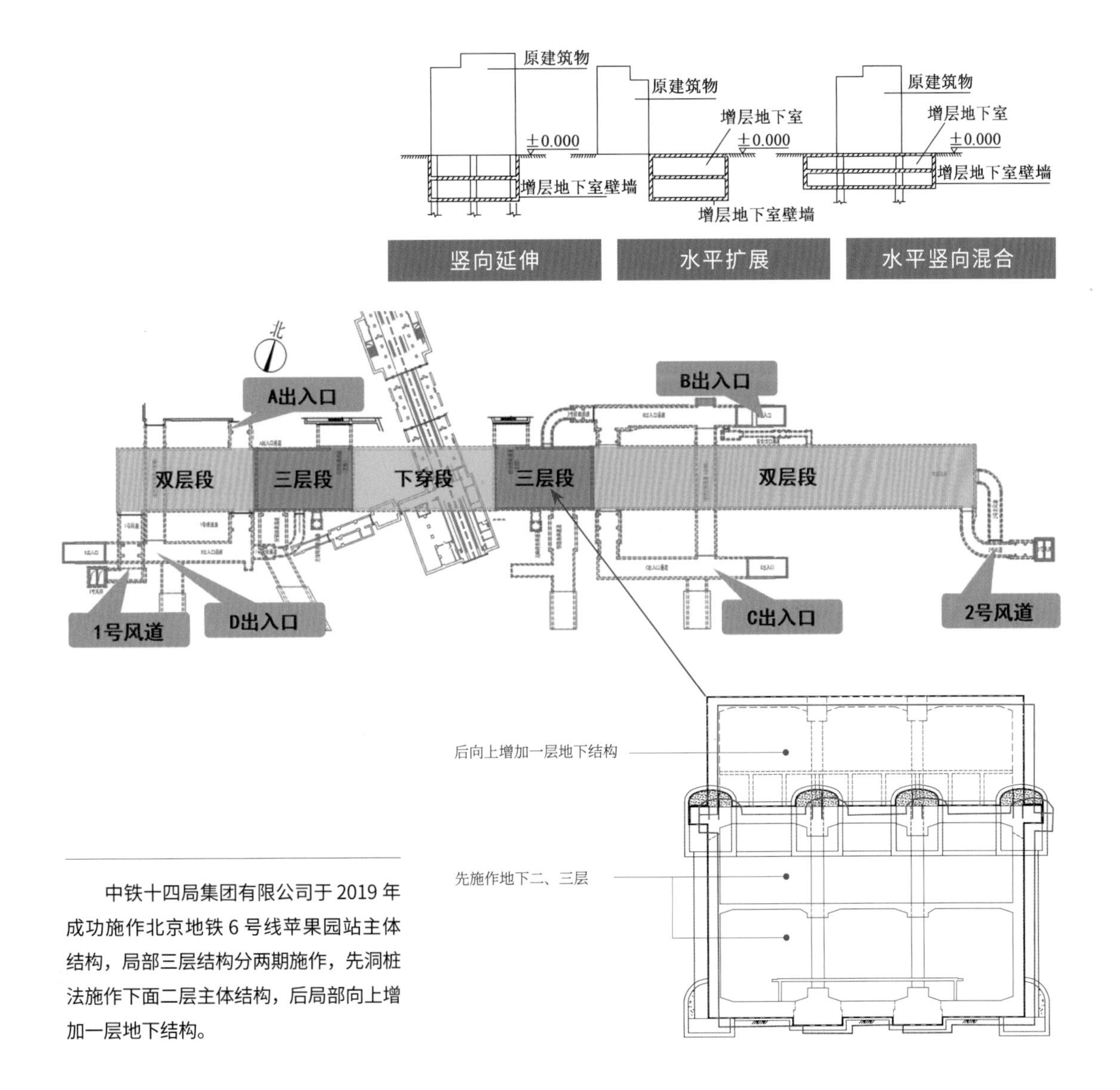

中铁十四局集团有限公司于2019年成功施作北京地铁6号线苹果园站主体结构，局部三层结构分两期施作，先洞桩法施作下面二层主体结构，后局部向上增加一层地下结构。

拓建方法

4 以小扩大

在既有地下空间结构的基础上进行扩建，将既有地下空间作为扩建后地下空间的一部分，进而形成较大的地下空间，这种拓建方式称为以小扩大。

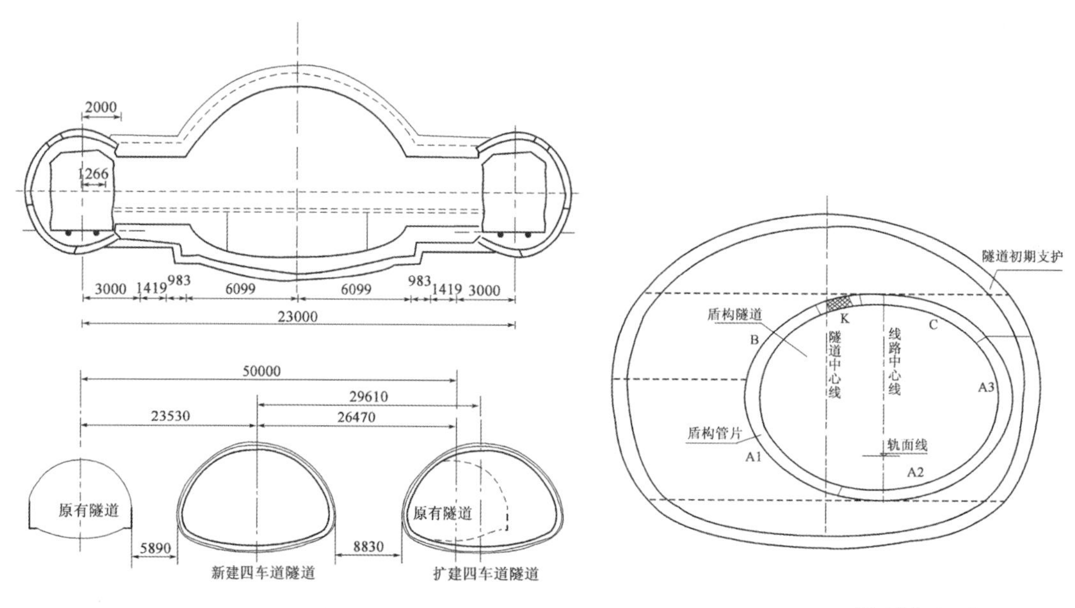

（尺寸单位：mm）

中铁十六局集团有限公司于 2008 年成功修建泉厦高速公路扩建工程大帽山隧道，由原双向四车道改扩建成双向八车道，将原右线二车道隧道扩建成四车道隧道。

拓建方法 5

多维拓展

在既有地下空间基础上，综合运用一种或多种拓建方式（零距离近接、连通接驳、竖向增层、以小扩大）在不同空间方位拓展形成新的地下空间，或利用既有交通节点开发地下综合体，这些拓建方法统称为多维拓展。

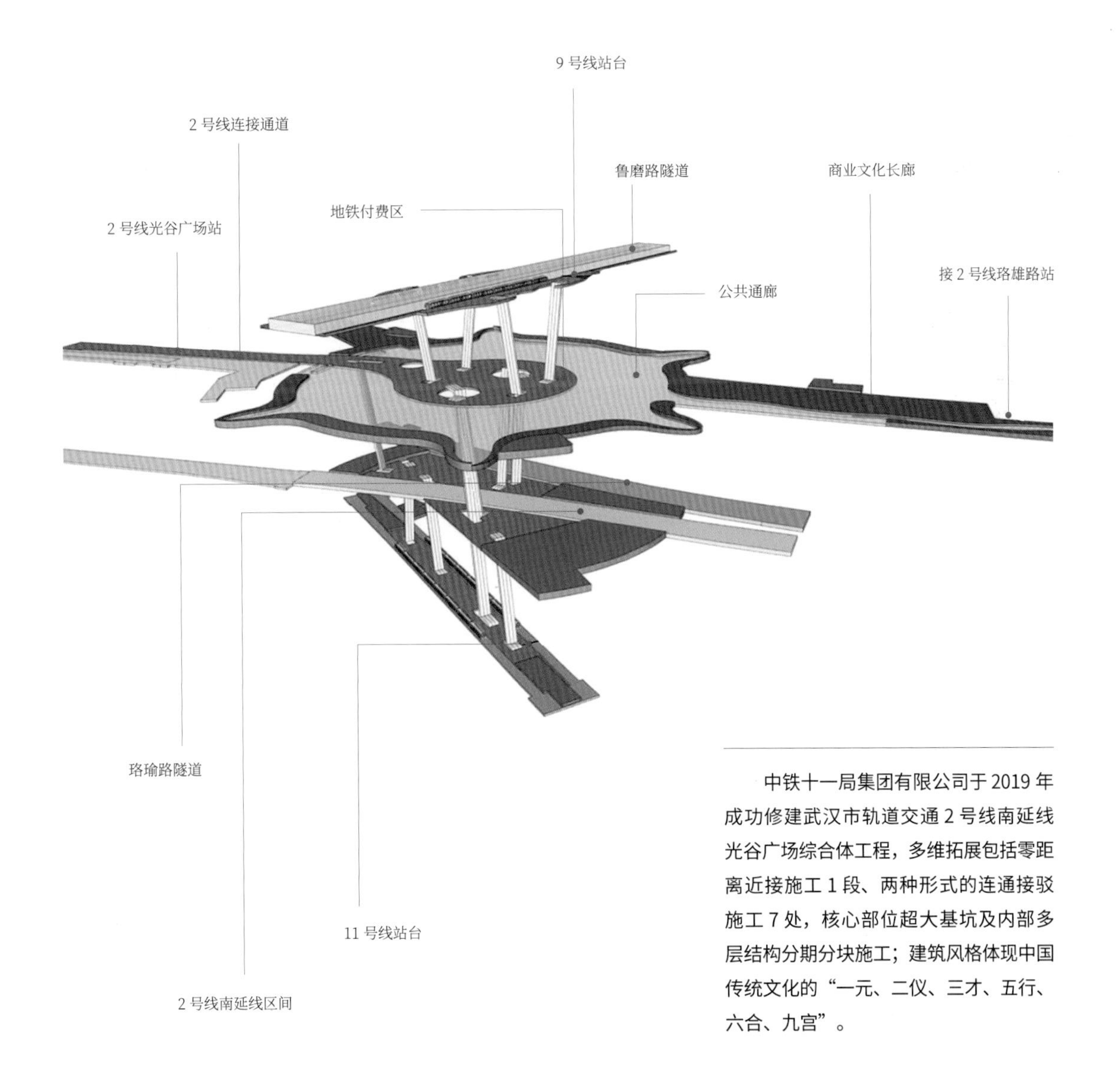

中铁十一局集团有限公司于 2019 年成功修建武汉市轨道交通 2 号线南延线光谷广场综合体工程，多维拓展包括零距离近接施工 1 段、两种形式的连通接驳施工 7 处，核心部位超大基坑及内部多层结构分期分块施工；建筑风格体现中国传统文化的“一元、二仪、三才、五行、六合、九宫”。

网络化拓建技术

接口防水

❖ **防水原则**

一般采用“结构自防水为主，局部增设柔性防水层、刚柔结合、多道设防、因地制宜、综合治理”的原则。

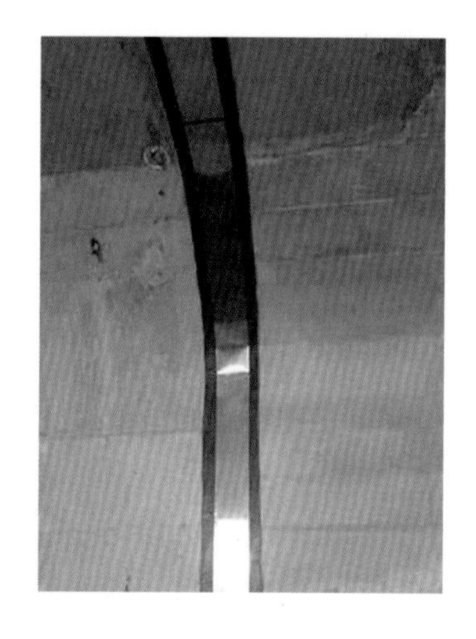

❖ **防水技术及措施**

- 控制拓建接口处的不均匀沉降值。
- 新、老结构接缝宜做成阶梯形或楔形缝。
- 接口变形缝应设置背贴式止水带、中埋式止水带、嵌缝材料，并配合预埋注浆管等方法加强防水。
- 接口接缝处应增设水泥基渗透结晶型防水材料，或高渗透改性环氧涂料等加强防水措施。
- 接口两边施工时间先后不一，强调对中埋止水的保护，防止老化、锈蚀降低性能。
- 保持先浇混凝土表面平整、清洁，使止水条、止水带有良好的接触面。

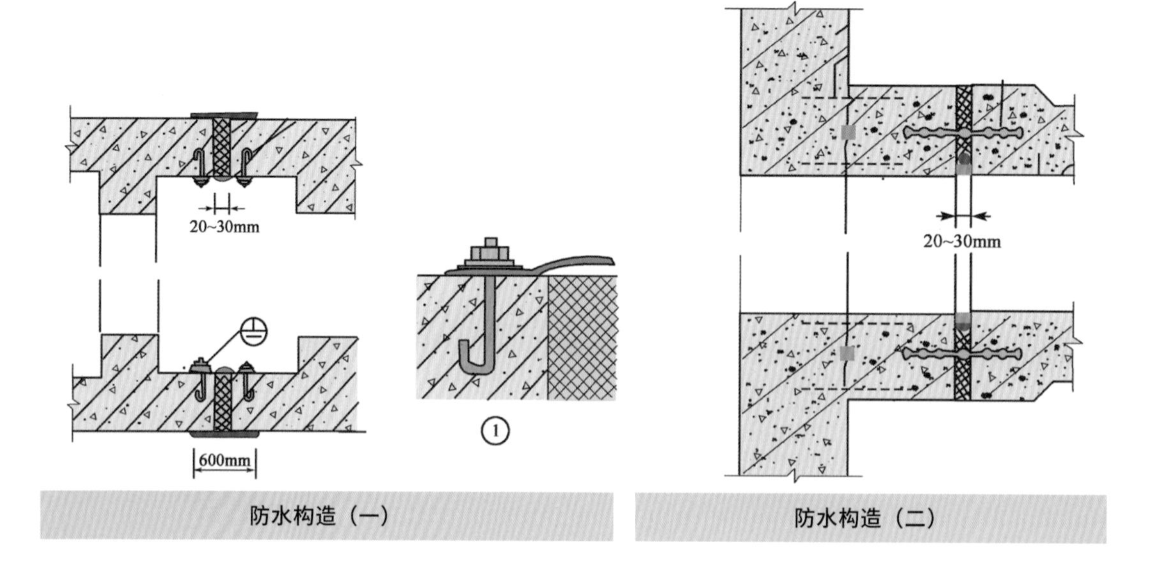

防水构造（一）　　防水构造（二）

装配式技术

装配式主体结构

预制装配式混凝土剪力墙结构体系、隐梁钢结构体系、明挖基坑快速装配式支护结构体系、装配式车站结构等装配式主体结构。

预制装配式混凝土剪力墙结构

装配式车站

中国铁建大桥工程局集团有限公司依托中国铁建科技重大专项的研究成果，进行工程化应用。

装配式技术

装配式隧道初支结构

由传统的支护形式改为模块化的新型网架支护形式，缩短传统钢拱架支护时间，快速封闭成环，保障安全，提高施工效率。

波纹钢板装配式支护结构

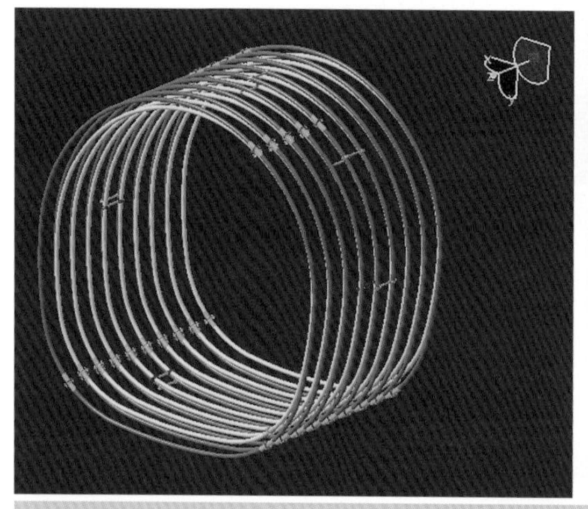

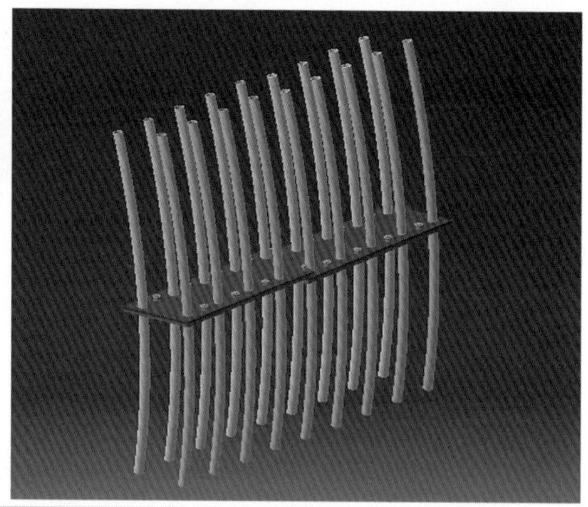

新型钢网架装配支护结构

中铁十一局集团有限公司联合北京交通大学依托国家重点研发计划项目的研究成果，进行工程化应用。

装配式技术

装配式隧道仰拱结构

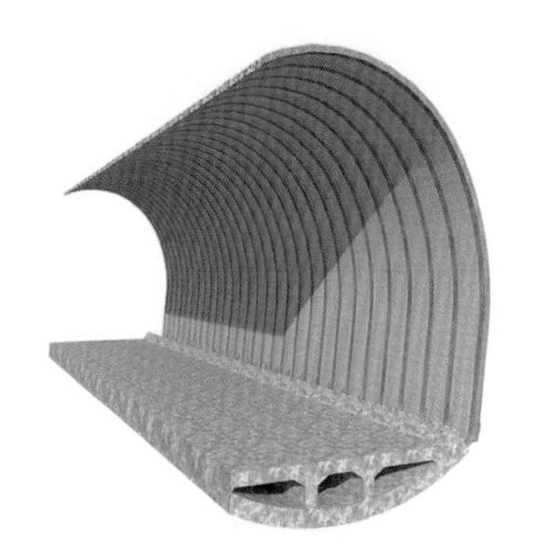

针对隧道施工仰拱环节工序时间长，研究装配式结构仰拱，可缩短工序时间，提升隧道快速、绿色施工水平，有利于保证工程质量。

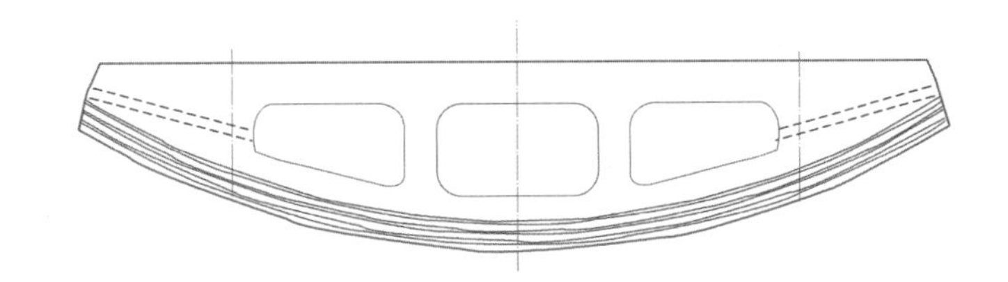

① 运　输

② 仰拱底部处理

③ 起　吊

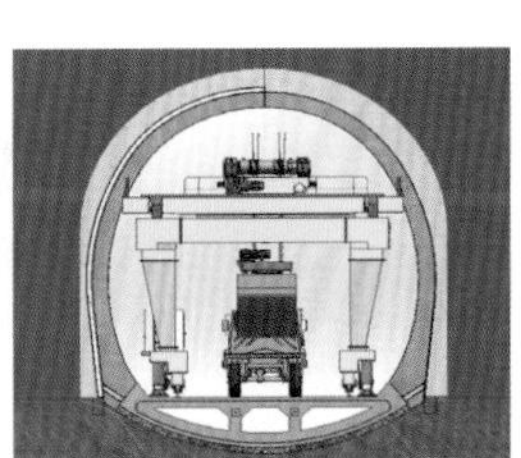

④ 纵向运输

⑤ 旋转定位

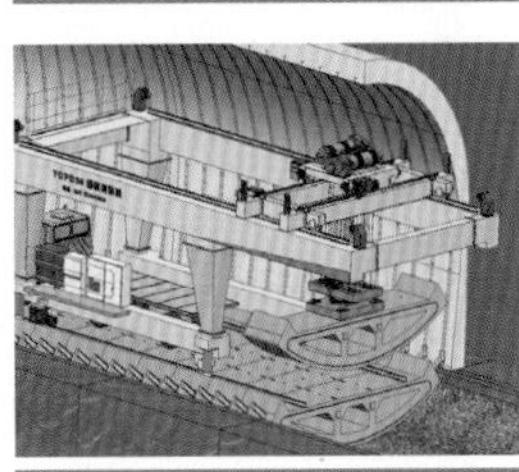

⑥ 下　放

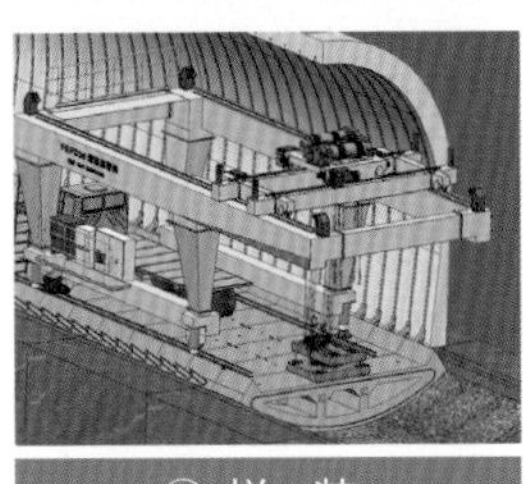

⑦ 拼　装

隧道施工工序示意

中铁二十局集团有限公司联合中铁第一勘察设计院集团有限公司依托中国铁建科技重大专项研究的研究成果，进行现场试验。

衬砌台车
钢筋、防水板台车
初期支护闭环
<30m
30m 仰拱拼装机
6 ~ 10m
<70m

支护结构一体化技术

管幕技术

❖ 结构

管幕结构、带加强拱肋的管幕结构：适用于地层条件差，沉降控制要求高的工程（下穿高铁、古建筑等）。

❖ 施工技术

工法介绍

顶进大直径钢管，在钢管内进行钢管切割、支撑、焊接、钢筋绑扎、混凝土浇筑成环，形成全部或部分永久钢筋混凝土管幕结构，在此结构的支护下，开挖土体，最终形成地下空间。

技术特点

- 封闭性较好，结合管周注浆，能形成较好的防水封闭环，避免大范围降水对周围建筑物的影响。
- 先施作大直径钢管，后在管内施作钢筋混凝土成环，形成钢筋混凝土与钢管联合支护结构体系，即先行施工永久支护结构，后开挖土体，避免传统暗挖法的多次受力转换，减少地面沉降，确保施工安全。

适用范围

主要用于敏感性下穿工程，如下穿火车站等对沉降要求极高的浅埋暗挖工程。

中铁十四局集团有限公司联合石家庄铁道大学依托国家重点研发计划项目的研究成果，施工太原迎泽大街下穿火车站工程。

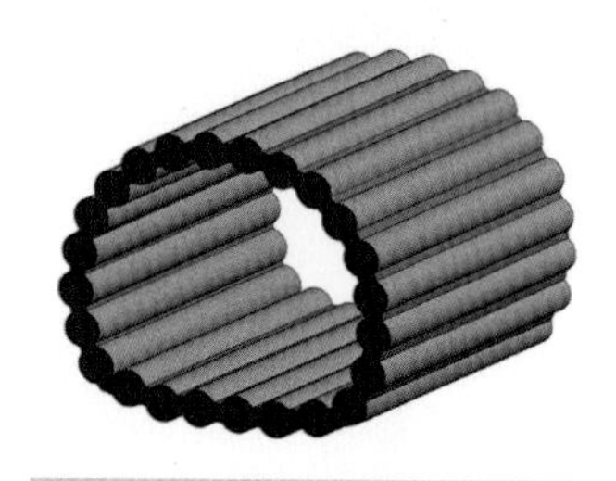

管幕结构

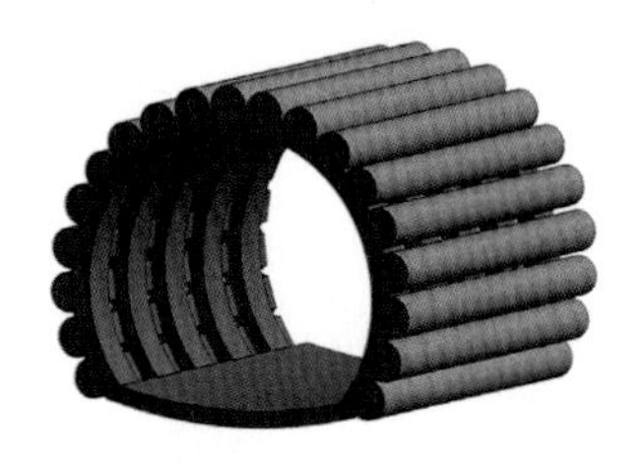

带加强拱肋的管幕结构

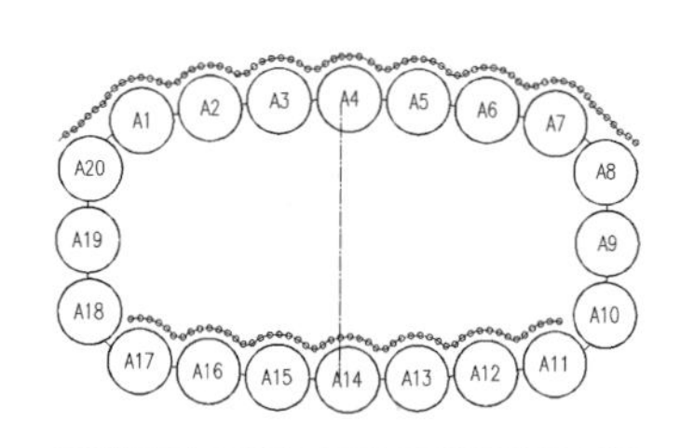

管幕布置

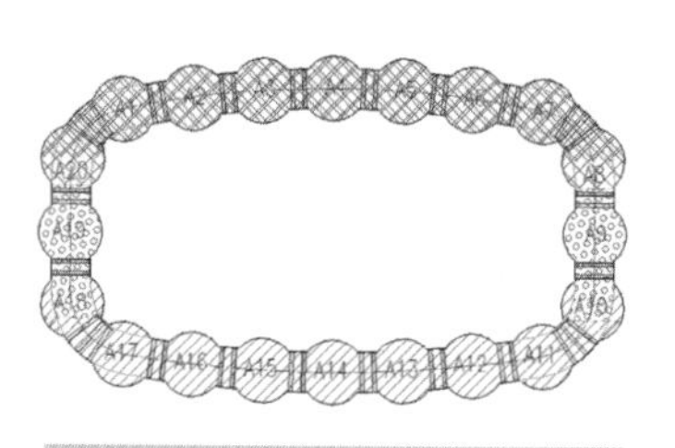

支护结构一体

下穿铁路顶管

钢管顶进

顶管机

管内绑钢筋

中铁十四局集团有限公司于2019年建成的太原迎泽大街下穿火车站工程，主体为2座各宽15m的车行通道。通道总长度463m，其中管幕结构段长210.1m×2、全宽18.2m、全高10.5m；最浅覆土深度为2.7m，南北通道共顶进直径2m钢管40根。本工程由中铁第四勘察设计院集团有限公司设计。

支护结构一体化技术

大跨单拱盖挖逆作一体化结构

结合盖挖法施工特点，对上软下硬地层主要通过明挖上部较软的土质地层后，预先在较硬的地层上施作单拱结构，以大拱脚形式坐落在下半部稳定的基岩上，再进行下部岩体开挖，可充分利用下部围岩的稳定性和承载能力，同时在拱部结构的保护下进行开挖作业，大大增加了施工的安全性和施工效率；对于软土地层，由于地基承载力不足，将钢筋混凝土拱盖和单层地下连续墙组合形成大跨单拱结构，既兼顾了拱形结构顶板较薄的优势，又解决了地基承载力不足的问题。

技术特点

结构简单、节点少、防水效果好；施工扰动小、地面沉降小；临时支撑少，废弃工程量小；拱盖形成后即可安全作业，效率高，工期短；施工步序少，有效减少施工变形和接缝处理。

适用范围

上软下硬地层或软土地层，埋深较浅。

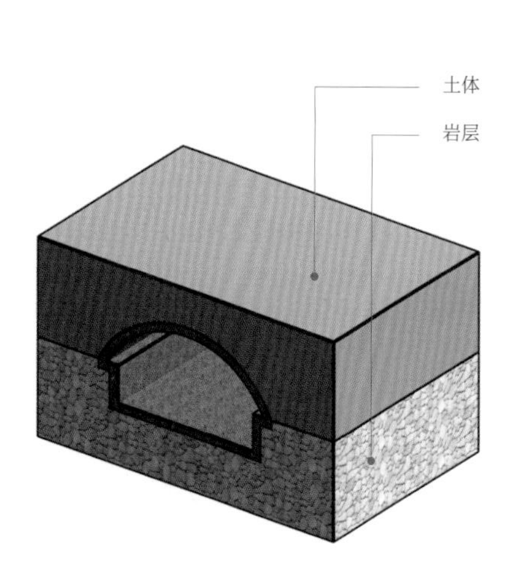

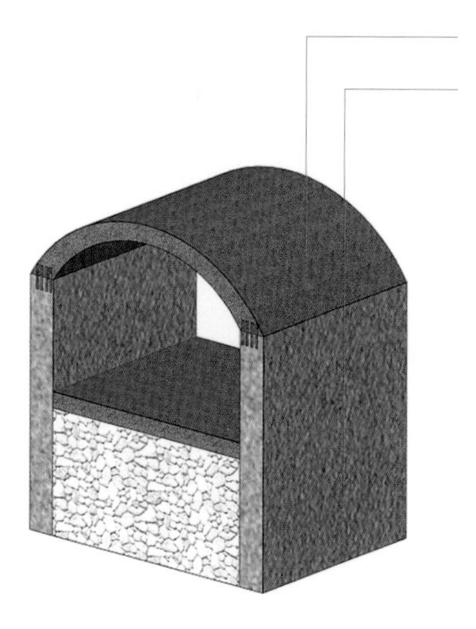

中铁十四局集团有限公司联合石家庄铁道大学依托国家重点研发计划项目研究的成果。

支护结构一体化技术

单层地下连续墙

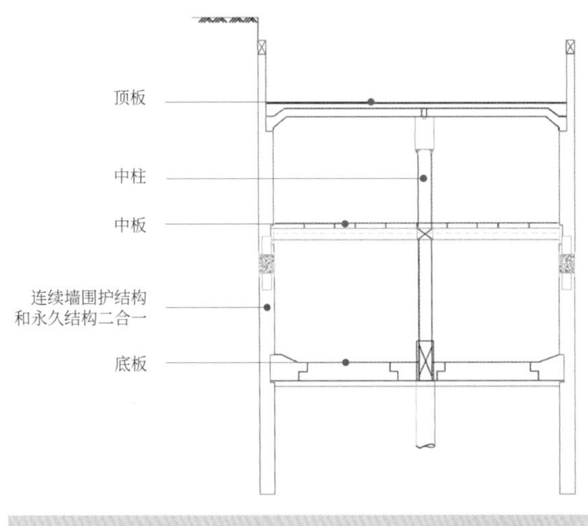

围护结构和永久结构二合一地下连续墙设计方案

适用于软土地层深部地下空间，围护和主体结构一体化，节约成本。

中铁十一局集团有限公司依托国家重点研发计划项目的研究成果，正准备工程化应用。

支护结构一体化技术

多功能盖挖支护一体机技术

工法介绍

多功能盖挖支护一体机由地面盖板和地下主机组成。作业时，通过插刀超前插入掌子面土体形成侧向支护，挖掘装置在盾体内进行土体开挖，螺旋输送机配合渣土吊桶出渣，在管节拼装区进行基底处理，随之进行管节拼装。

技术特点

- 可实现短暂中断、快速恢复交通的情况下，同步实施开挖和支护一体作业。
- 开挖跨度可调。
- 可实现明挖、盖挖和暗挖三种模式。
- 节省基坑围护结构。

适用范围

适应于软弱地层、无水条件的城市综合管廊等工程施工，尤其是在城市道路不中断行车条件下的施工。

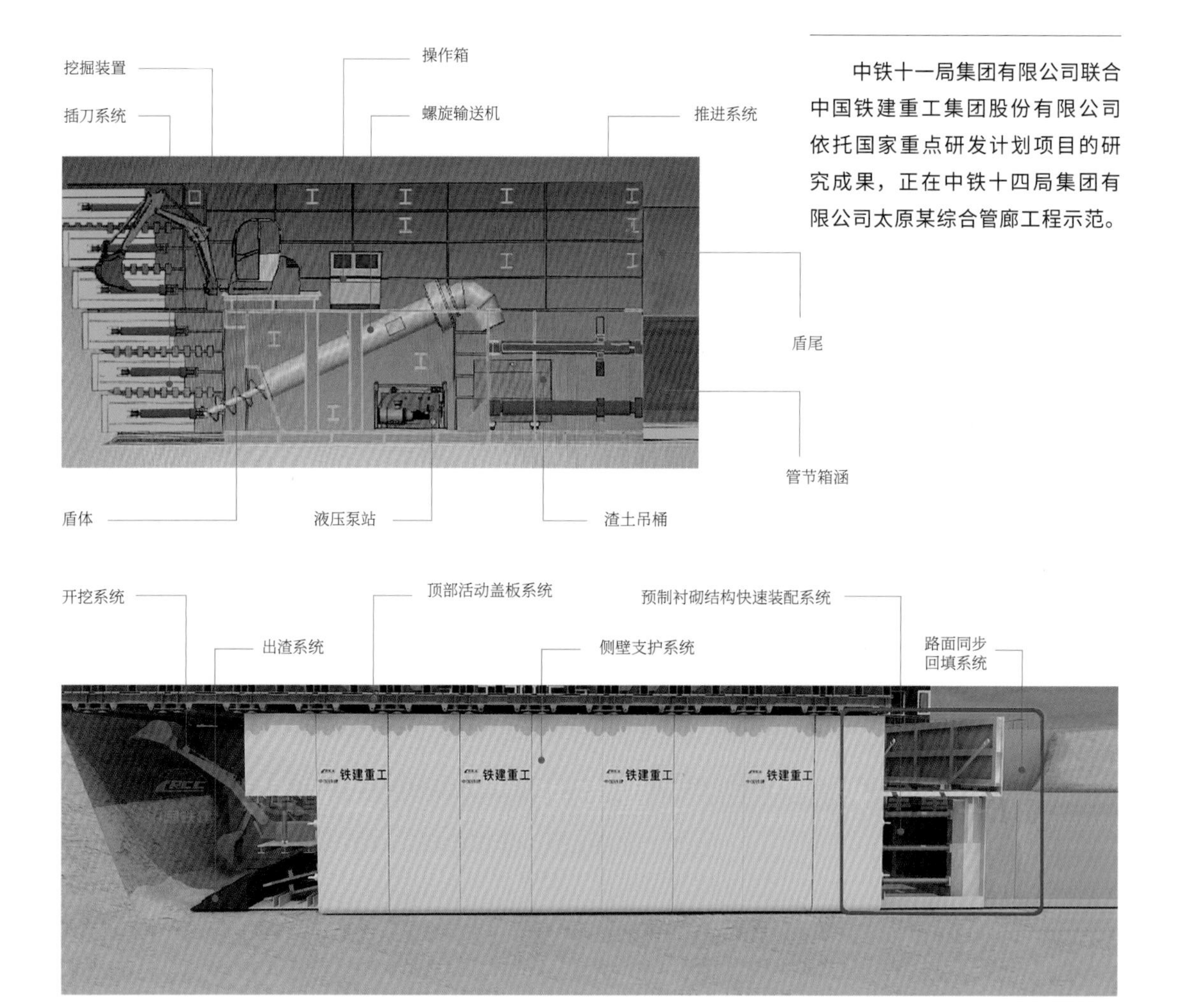

中铁十一局集团有限公司联合中国铁建重工集团股份有限公司依托国家重点研发计划项目的研究成果，正在中铁十四局集团有限公司太原某综合管廊工程示范。

PBCRD 工法技术

导洞

PBCRD 工法

第一层二次衬砌施工完成

隧道建成

工法介绍

先施工拱脚部位的导洞，再在导洞中施工纵梁及竖向边桩（墙），然后在超前支护保护下采用 PBCRD 工法分部开挖隧道。

技术特点

- 通过设置边桩（墙）和纵梁，将拱部荷载及时传递至承载能力高的纵梁及边桩（墙）上，能够有效减少施工沉降。
- 沿隧道四周连续铺设防水层，隧道防水效果好。

适用范围

适用于地铁、国铁、城际铁路、市域铁路交叉节点等特定敏感环境地段隧道工程的设计和施工。

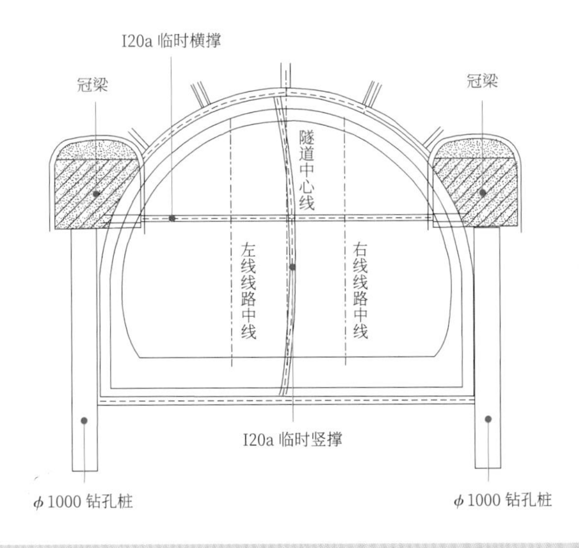

PBCRD 工法（先墙后拱交叉中隔壁法）示意图

顶进技术

顶管技术

工法介绍

在工作井内借助顶推装置产生的推力，克服管道与周围土壁的摩擦力，将管道按设计方向逐节顶进至接收井，形成地下空间。包括手掘式顶管、土压平衡式顶管、泥水平衡式顶管，顶管管材宜选用钢筋混凝土管、钢管、玻璃纤维增强塑料管和带防腐内衬的混凝土管。

顶管机

技术特点

- 地面作业少，施工对周围环境影响较小，地表沉降控制好。
- 施工制约条件相对少，施工进度快。

电力廊道泥水顶管

适用范围

适用于下穿铁路、道路、河流或建筑物等障碍物施工。

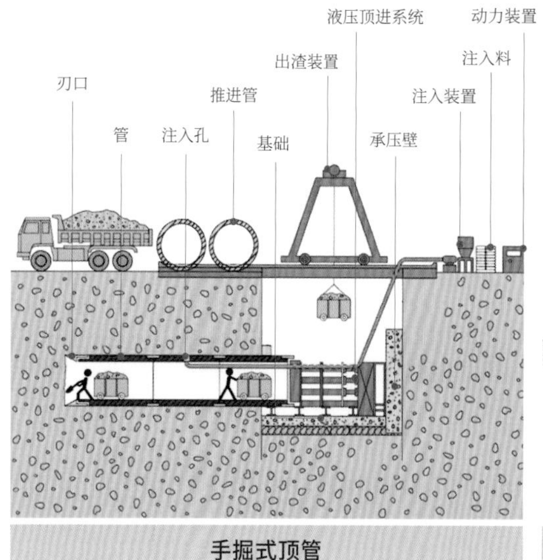

手掘式顶管

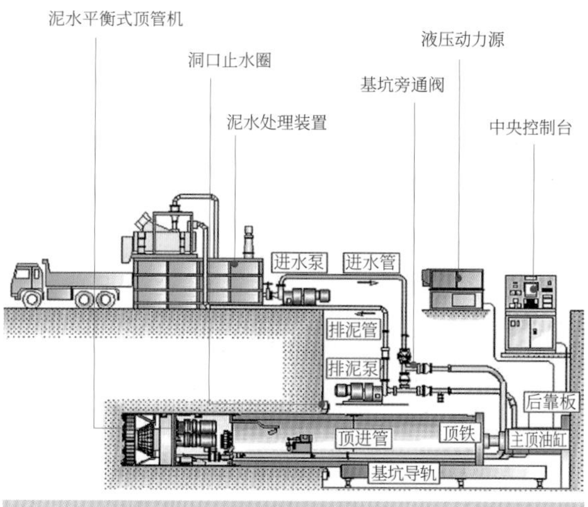

泥水平衡式顶管

顶进技术

管幕箱涵顶进技术

工法介绍

施工两端工作井，提前加固出洞口土体，采用顶管机进行钢管幕施工，对锁口处进行防水注浆，然后在钢管内充填混凝土，形成钢管混凝土超前支护。然后在工作井内逐节推进箱涵，在箱涵周边注入特种泥浆，减少推进阻力，推进结束后对箱涵外泥浆层进行固化处理，随节段顶进和箱涵内土体开挖结束，最终形成地下通道。

技术特点

管幕箱涵布置

- 不需开挖导洞，不需降水。
- 箱涵推进时采用网格工具头稳定开挖面土体，用底排钢管幕作为顶进基础面。
- 箱涵顶进时在管幕与箱涵之间压注特种泥浆，控制地面沉降和减小推进阻力。

管幕施工

适用范围

主要用于城市繁华区软土地层浅埋式大断面非开挖下穿通道工程。

网格工具头

成型隧道

沉管技术

工法介绍

在预制场制作隧道管节，两端用临时封墙密封，制成后托运至指定位置，放水沉埋到设计位置，建成地下隧道。

技术特点

现场施工周期短；容易保证隧道质量；操作条件好、施工安全；适用水深范围较大；断面大小、形状可自由选择，断面空间利用充分。

适用范围

河床稳定和水流不急，前者便于顺利开挖沟槽，并可减少土方量，后者便于管节浮运、定位和沉放，特别适用于软弱地层。

海河沉管隧道

沉管拖运

管节起浮

沉管沉放

异形盾构技术

工法介绍

掘进和开挖面稳定原理与圆形盾构差别不大，通过刀盘切削土体、出土排渣、管片拼装、背后充填注浆，形成地下空间，区别在于盾构刀盘布置有中心刀及多个行星刀具，实现各种断面施工。根据断面形状分为多圆盾构、椭圆形盾构、矩形盾构、球体盾构等。

技术特点

- 满足多样化断面需求。
- 多刀盘布置。
- 开挖、回填量小，断面空间利用率高。

适用范围

主要适用于软土地区城市综合管廊、地铁车站、出入口、地下停车场、下穿道路、地下商业区等工程。

椭圆形盾构

矩形盾构

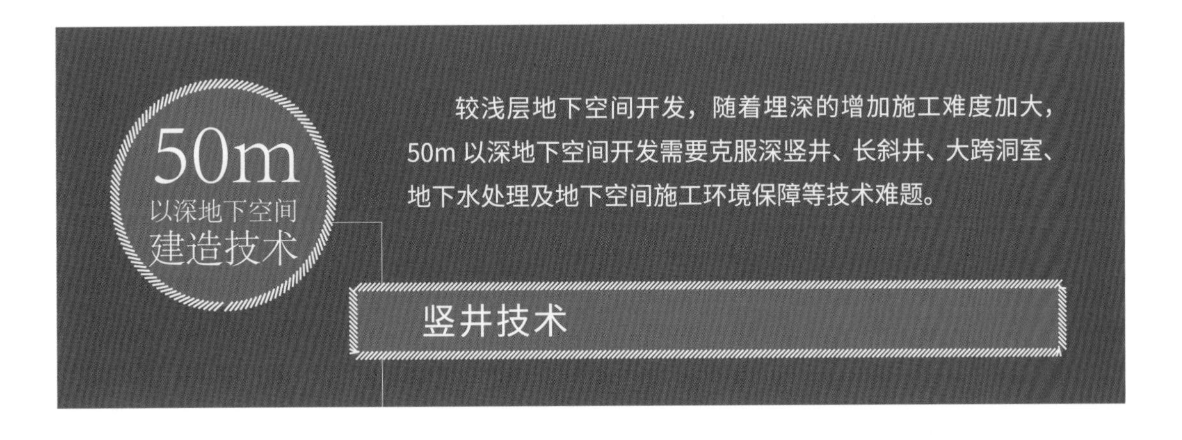

较浅层地下空间开发，随着埋深的增加施工难度加大，50m 以深地下空间开发需要克服深竖井、长斜井、大跨洞室、地下水处理及地下空间施工环境保障等技术难题。

竖井技术

城市深部地下空间多采用深竖井与地面连通，竖井施工常采用钻爆法、机械法，分正向掘进和反向掘进。

❖ **主要施工难题**

- 大直径竖井井壁侧压力大、易失稳。
- 突涌水风险，抽排水难度大。
- 支护衬砌难，受重力影响，衬砌结构易下滑失稳。
- 竖井施工组织垂直布局，空间受限，出渣、排水、通风、支护等施工组织难。

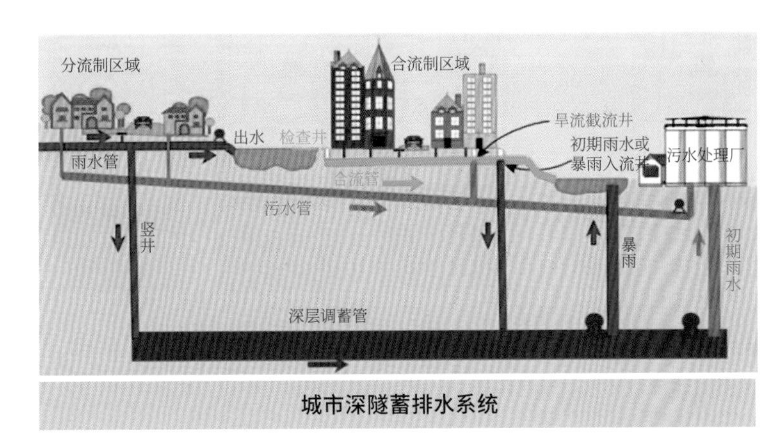

城市深隧蓄排水系统

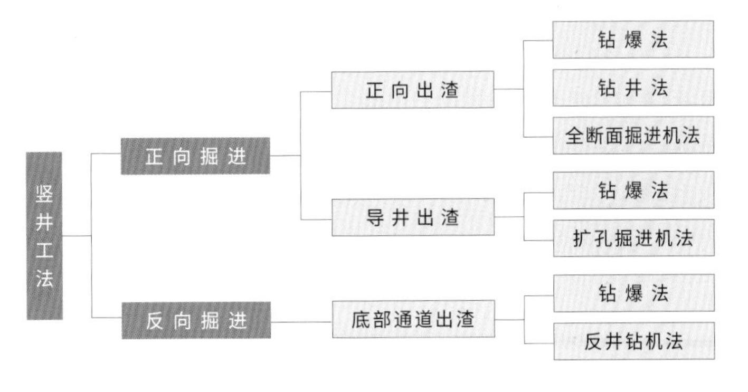

钻爆技术

钻爆法可适用于各类地层、不同直径和深度的竖井施工。直径6～8m的竖井正常月进尺110～130m，深度超过300m以后，工效会明显降低，月进尺70～90m；深度超过700m以后，空气质量、排水、出渣、地热环境等成为影响施工作业的主要因素。3m以下直径的等同挖孔桩（直径再小即为钻孔桩）。

钻爆法常用于正向施工，反向施工安全不易控制，这里仅介绍钻爆法正向施工。

❖ 施工流程

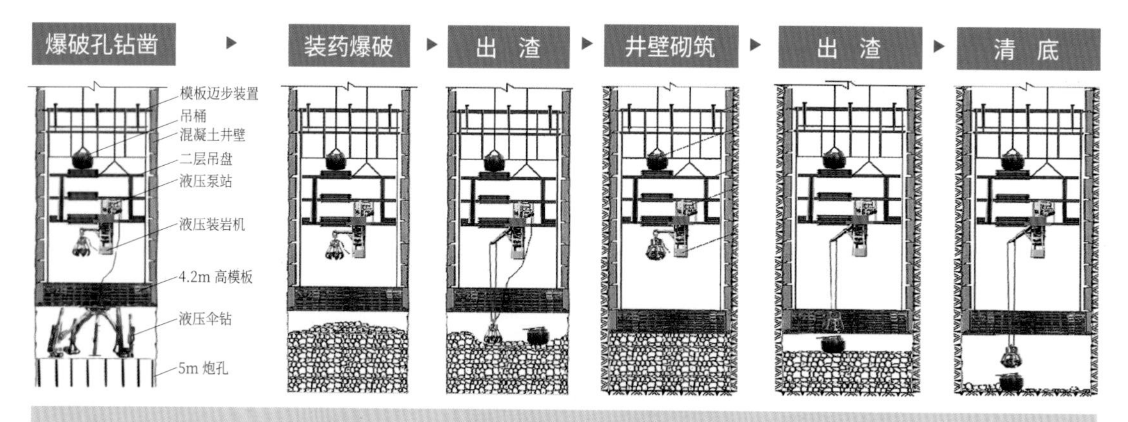

竖井钻爆法施工流程

❖ 施工重难点

● 施工通风

竖井施工常规采用压入式通风。通风管径根据需风量进行计算，风量计算需考虑工作面同时工作最多人数、最低风速要求、爆破排烟及稀释柴油机车排放的尾气。

- 施工排水

施工排水为建井期间排水，同时兼永久排水。竖井工作面配置吊泵，当工作面涌水小于 $10m^3/h$ 时，通过风动潜水泵将水排至吊桶，由吊桶提升至洞外弃水；当工作面涌水大于 $10m^3/h$ 时，通过潜水泵将水排至吊盘水箱内，再用卧泵抽排水。施工设备一用一备一检修，确保施工安全。

竖井涌水抽排　　竖井排水管路

- 支护

竖井支护方式主要分为喷射混凝土、锚网喷、复合支护等，结合地层加固方法，实现竖井建井和永久运营的安全。竖井支护参数选择是基于井壁尺寸、围岩、水相互作用的理论及工法确定。

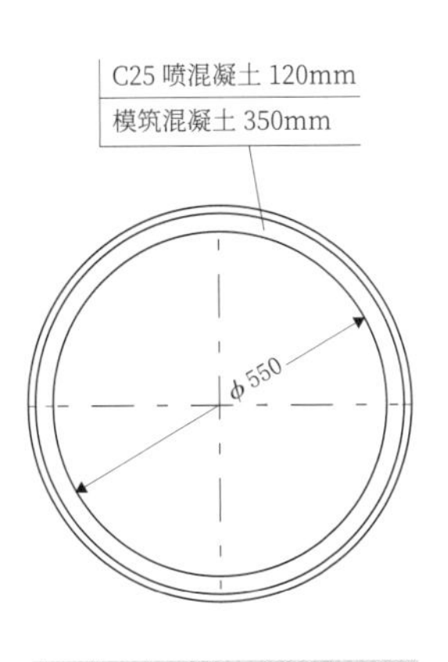

喷射混凝土支护

竖井模筑混凝土支护

- 加固技术（辅助施工技术）

围岩加固采用注浆法或冻结法。注浆法是物理化学方法，是永久加固；冻结法是物理方法，属于临时效果技术。二者各有利弊。

注浆法加固技术

注浆是竖井施工过程中治理水害、加固软弱地层的一种重要手段。普遍应用于井壁注浆、工作面超前预注浆、堵漏防渗注浆等多个施工环节。

注浆施工操作灵活，封水加固效果好，长期有效；缺点是一次注浆加固距离有限，往往需要多次多循环作业，注浆期间无法开挖，影响施工进度。

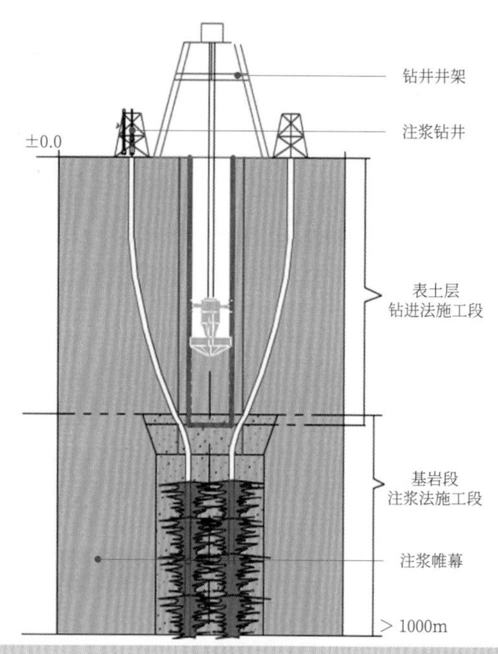

注浆法加固

冻结法加固技术

冻结法凿井是采用人工制冷方式将井筒周围含水不稳定地层暂时冻结，形成帷幕隔绝地下水后，再进行开挖支护的特殊凿井方法，也是我国含水不稳定地层采用最多的工法。

冻结法封水效果好。缺点是冷冻期长，耗电量大，成本高；一旦出现冻结故障，会酿成重大安全事故。

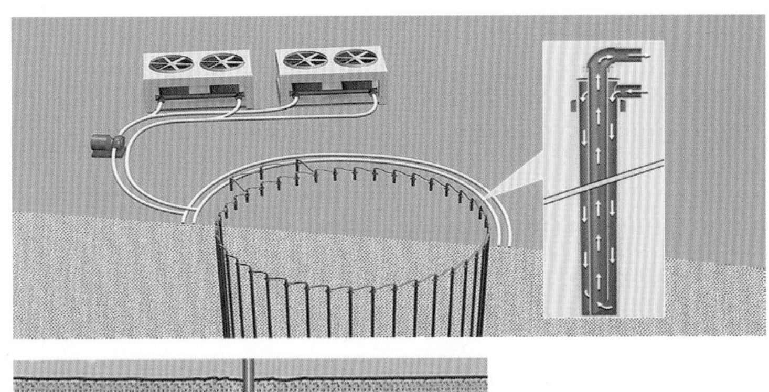

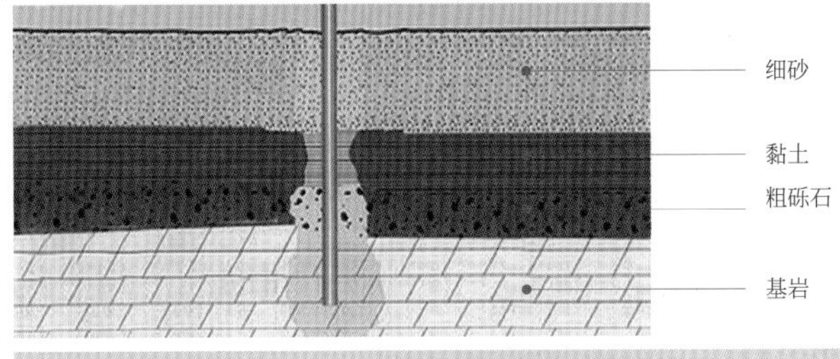

冻结法加固

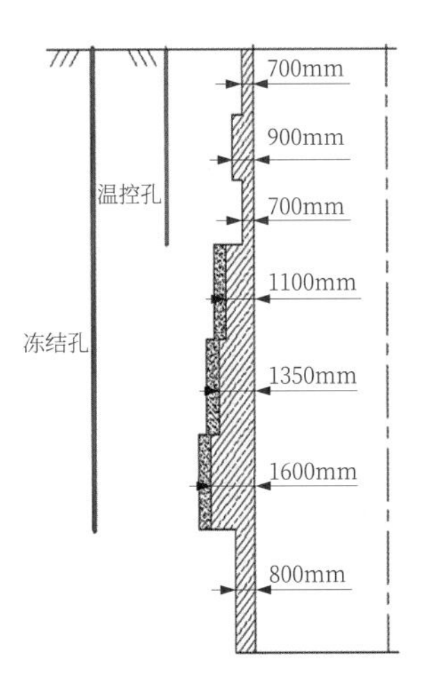

2014 年建成的甘肃核桃峪矿副井，井筒净径 9.0m，含水弱胶结岩层冻结深度达 950m，是目前世界上冻结最深的竖井。

❖ 技术要点

- 分部开挖。正向出渣比较适合无水条件施工，有水情况下采用分部开挖，低坑作为积水区。直径 3 ～ 6m 可分两台阶，半井依次交替开挖；直径大于 6m 可分多台阶分部开挖。
- 井口处理。井口需设置锁口，锁口分临时锁口和永久锁口。
- 防井筒下沉。竖井井壁每隔一定距离设一道扩大的环圈（井壁座）与井筒同步浇筑混凝土，反背形成环形锚梁。此原理同样适用机械法施工的竖井。
- 导井出渣。一是出渣效率高，二是有利于排水。

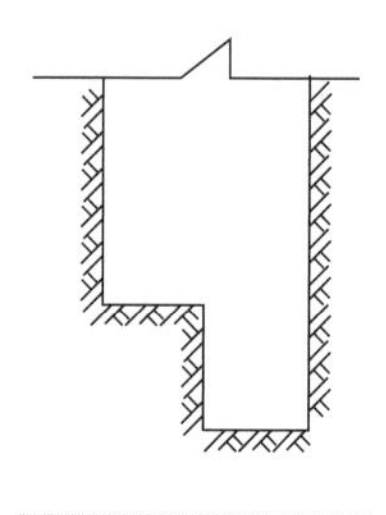

分部开挖

秦岭终南山特长公路隧道采用 3 座竖井纵向式通风，1 号竖井井深 190m、内径 10.8m；2 号竖井井深 661m、内径 11.2m；3 号竖井井深 392m、内径 11.5m。

机械法技术

机械法技术 1 全断面掘进机

- 常用正向施工，直径 7～8m、一般深度 200m 以内，最大深度可达 500～600m。
- 井下无通道，各工序同步施工，地质适应性好。
- 全断面开挖，要求设备扭矩和推力大、可靠性高。
- 随掘随衬，井下拆机。

导 向

垂直激光导向，实时测量、纠偏

开 挖

全断面复合刀盘开挖，泥浆冲刷

出 渣

井下大流量泥浆泵垂直出渣

支 护

预制复合钢环井筒，同步下沉支护

①刀盘 ②主驱动 ③推进液压缸
④环梁系统 ⑤管线导览架 ⑥钢绞线提升装置

竖井掘进机主要组成

铁建重工 8m 级竖井掘进机

铁建重工 22m 级竖井掘进机

机械法技术 2

扩孔型掘进机

- 具备井底通道，导井出渣。先施工溜渣导孔，在导孔的基础上扩大成设计断面，顺导孔溜渣至井底通道出渣。
- 常用直径 5 ~ 8m，深度随井底通道的条件而定。
- 破岩条件好、方便出渣，各工序并行作业，适用于稳定性围岩。
- 设备从井底通道撤出。

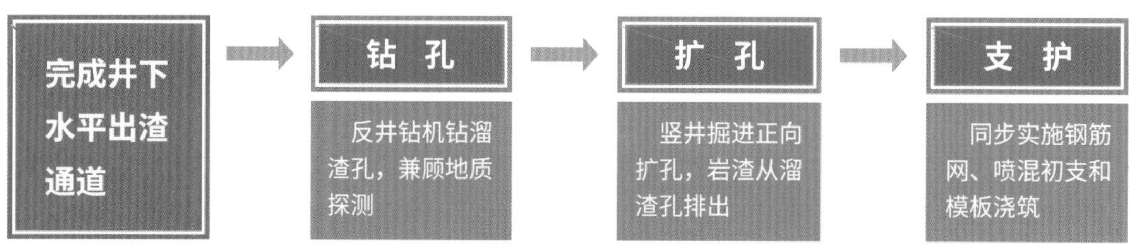

扩孔掘进　扩孔刀盘　井下喷锚支护　扩孔型竖井掘进机　扩孔型竖井掘进机施工流程

机械法技术 3

截削型掘进机

- 截齿破岩，扭矩和推力需求低，适用于软土和软岩施工。
- 较适合大直径竖井，但因其破岩能力弱，大直径开挖效率低，目前最大开挖直径小于 16m。

导　向

敞开模式用激光导向，沉井模式用铅锤人工测量

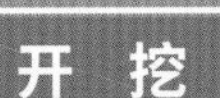

开　挖

截齿破岩，非全断面开挖

出　渣

导孔重力排渣或流体垂直提升出渣

支　护

预制井壁或井下模板浇筑支护

截削装置

导孔下排渣机型

上排渣机型

截削型竖井掘进机

截削型竖井掘进机施工示意

机械法技术

4 ▷ 竖井钻机技术

● 正向施工，全断面钻进、泥浆护壁、气举反循环排渣，井筒完工后预制井壁整体下沉支护，适用于含水软土地层。

● 钻杆扭矩小、破岩能力弱，纠偏困难，地质适应性差。

● 考虑钻杆扭矩功率和一次性出渣能力，常用多次扩孔方式成孔，一般成孔直径可达 9 ～ 10m。

测井导向

间隔周期测井，导向器扶正，扩孔纠偏

破 岩

钻杆驱动刀盘旋转、自上而下开挖井筒

出 渣

基于气压反循环原理的泥浆管道出渣

支 护

钻进时泥浆护壁，最后预制井筒安装

钻机刀盘

竖井钻机地面装置

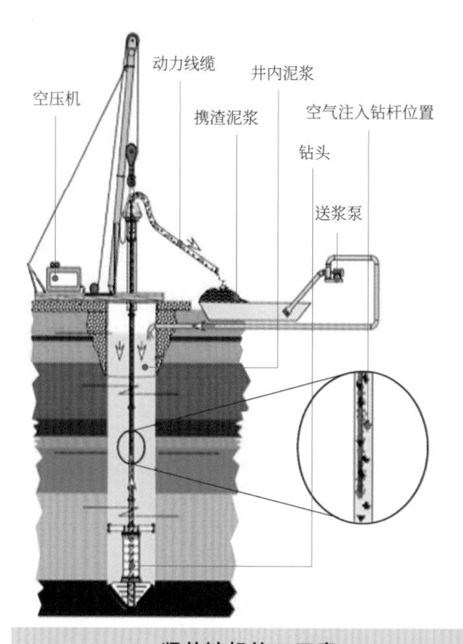

竖井钻机施工示意

机械法技术 5

反井钻机技术

- 具备井底通道，先施工小导孔，钻杆通过小导孔至通道安装刀盘。
- 导孔垂直精度要求高，钻杆扭矩小，井筒不能同步支护。
- 破岩条件好，渣土直接掉落到井底通道，方便出渣，适用于中小直径、稳定岩层。
- 常用竖井直径 2 ～ 3m，导孔直径 200 ～ 300mm。

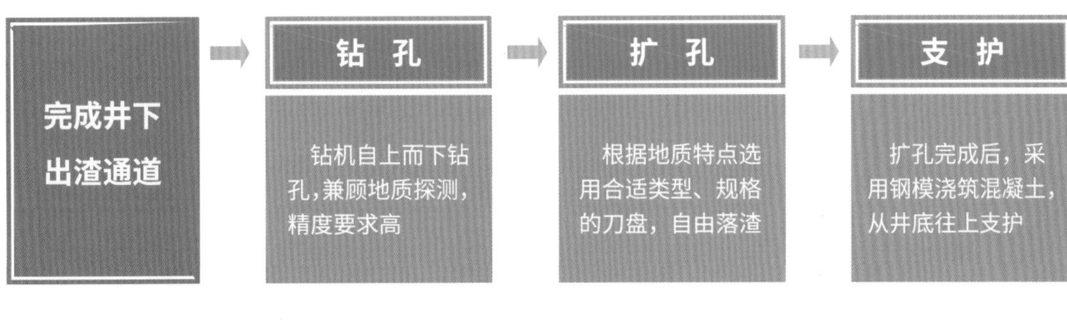

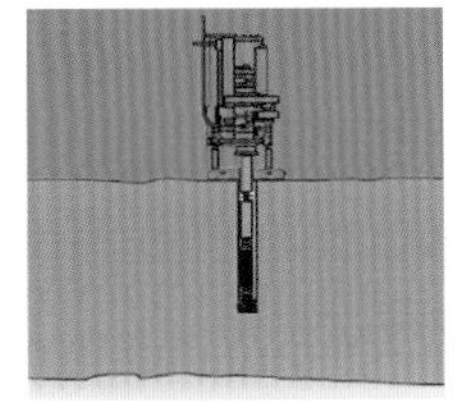
导孔施工

反向扩孔刀盘

井筒溜渣

模板浇筑混凝土

反井钻机地面装置

反井钻机施工示意

斜井（螺旋斜井）技术

主要包括联络内外的通道、辅助施工坑道，有直斜井或“螺旋式”地下展线斜井。

可用钻爆法、TBM 法或盾构法施工。

❖ **主要施工难题**

- 超长斜井施工，包括长距离施工通风、长距离反坡排水。
- 大坡度斜井施工，包括大坡度出渣及物料运输、TBM 或盾构反坡掘进。
- 不良及特殊地质条件下斜井施工，包括突涌水、断层破碎带、岩爆、大变形、高地温等。

斜井断面通风管布置

斜井断面物料运输

斜井（螺旋斜井）技术

钻爆技术

❖ **斜井超长距离施工通风技术**

钻爆法独头通风距离一般不超过 4km，独头通风长度超过 4km 时，风管漏风率和风阻变大，通风困难。为解决斜井长距离通风问题，可采用隔板式通风，设置（或利用）竖井辅助通风或巷道式通风。

❖ **斜井长距离反坡排水技术**

- 采用大功率设备分级抽排，制定突涌水抽排应急预案，还可采用自动抽排系统。
- 斜井内每 50m 扬程设置一级泵站，掌子面积水采用移动潜水泵抽至斜井泵站，泵站工作泵将水仓内积水抽排至上一级水仓，接力抽排至井外。
- 工作水泵的能力应满足在 20h 内排除工区内 24h 正常涌水量。备用水泵按突涌水处理预案要求配备。
- 集水池的有效容积可按排水分区内 24～48h 出水量设计。
- 施工排水设施宜永临结合考虑。

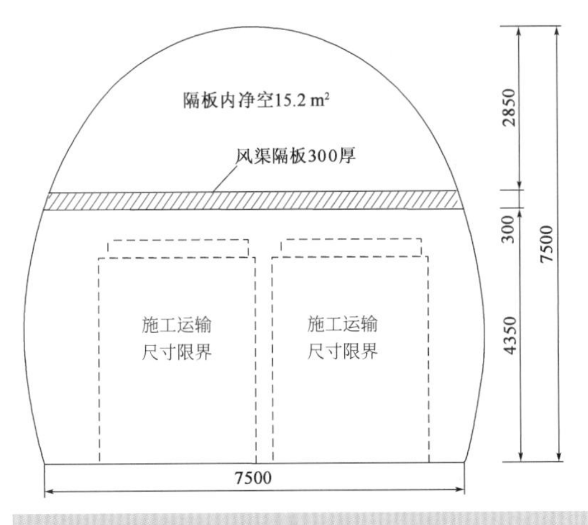

隔板式通风辅助坑道断面示例（尺寸单位：mm）

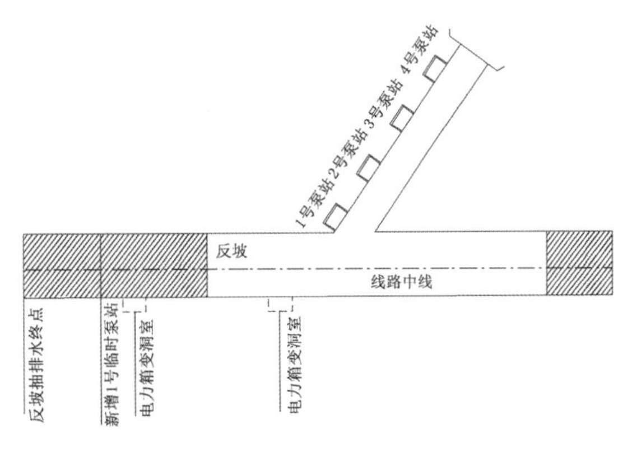

长大斜井分级式抽排水平面示意图

❖ **大坡度斜井长距离运输技术**

- 大坡度斜井洞内每隔 200m 左右设防撞墩、反光标识；斜井路面设置防滑槽。
- 运输车辆限速行驶，并加装防滑链条。
- 斜井坡度大于 12% 时，宜采用有轨运输方式或皮带输送机出渣。

❖ **不良及特殊地质条件下斜井施工技术**

- 断层富水带处理：帷幕注浆或超前注浆堵水，加大抽排水设备功率和数量。
- 岩爆处理：主动释放应力 + 被动防护的联合防控措施。
- 高地温处理：加强通风、洒水喷雾、隔热降温。

❖ **复杂条件下斜井快速施工技术**

- 保护围岩，减少对围岩的扰动，提高围岩的自承能力，减少支护工序，达到快速施工的目的。
- 配套大型机械化施工设备，提高效率。
- 配合大型机械化施工，构建信息化数据收集、处理、预警平台，确保安全快速施工。

大坡度斜井内防撞墩

帷幕注浆加固

斜井（螺旋斜井）技术

掘进机技术

掘进机技术 1 TBM 技术

❖ 长斜井大坡度 TBM 掘进技术

● 反坡掘进：加大抽排水设备能力，合理选择掘进参数、调整姿态控制，设备布置稳定器，拖车增加侧向液压缸。

● 不良地质段施工技术：根据围岩条件，选择合理的支护模式，通过 TBM 辅助设备实施超前注浆、锚喷网、钢架等支护措施。

● 皮带硫化技术：采用双头硫化技术，选择先进的硫化设备（水冷硫化器），缩短硫化时间（由传统单头硫化 24h 缩短至 4.5h）。

❖ 斜井长距离反坡排水技术

● 加大堵水注浆力度：以堵为主、堵排结合，限量排放、减少抽排。

● 加大设备抽排水能力及设备备用数量。

● 制定突涌水应急预案。

❖ 大坡度斜井长距离运输技术

● 采用新型防溜技术的胶轮车大坡度运输。

● 增加防撞、警示装置。

❖ 小半径 TBM 掘进技术

● 设备按小曲线半径掘进要求设计制造。

● 通风管路、轨道运输、抽排水管合理布置。

● 缓速掘进，动态控制。

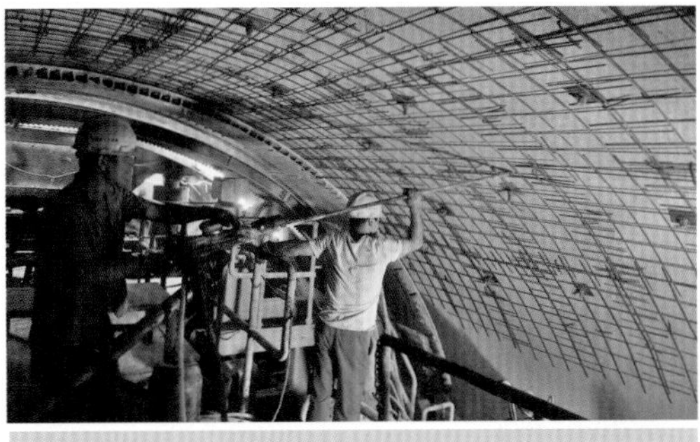

钢筋网片支护

无轨胶轮车

掘进机技术

2 盾构技术

长斜井大坡度盾构选型技术、长距离反坡排水技术、长距离斜坡运输技术、小半径掘进技术与 TBM 法类似，不再赘述。

❖ **大坡度盾构渣土改良技术**

- 选择优质渣土改良剂，泡沫、细颗粒、高分子聚合物等。
- 开展渣土改良试验分析，制定渣土改良方案。

❖ **穿越复合地层预防卡机、快速脱困技术**

加强注浆及质量管理；扩展盾构机掘进功能，使其具备超前破岩、超前加固、施作锚杆等功能；锚杆加固地层；采用豆砾石等可压缩材料填充管片壁后空隙，防止管片受挤压破坏；遇极硬岩段采用钻爆法超前施工，盾构机空推通过。

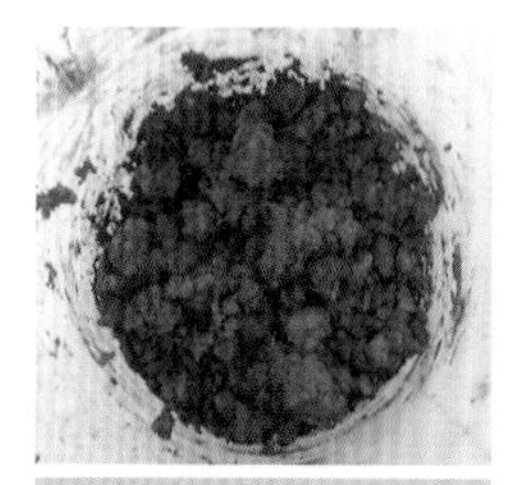

含水率 8% 的自然土

加入注入率为100%的泡沫

质量比为 15% 的水与泡沫土混合

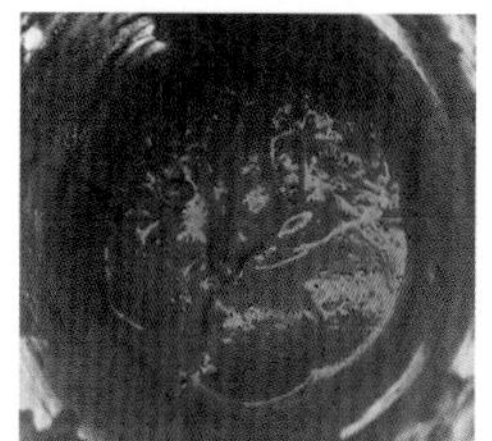

质量比为 30% 的水与泡沫土混合

质量比为 30% 与 15% 的渣土混合

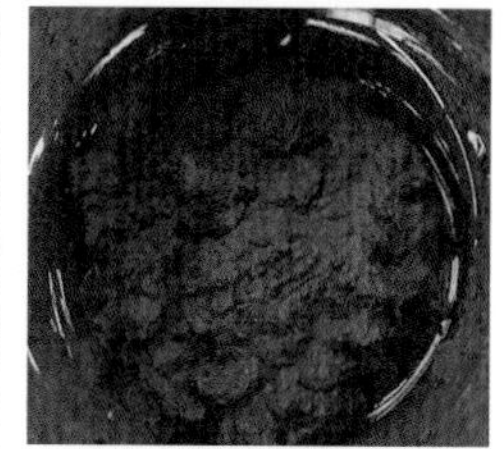

土仓下部质量比为 15% 的渣土混合

深埋大跨洞室建造技术

钻爆法施工技术

❖ 主要施工难题

- 断面跨度大，结构受力复杂，支护措施要求强，施工难度大。
- 随着工程埋深增加，水压力随之增大，防排水技术难度增大。
- 大埋深可能引发技术难题，包括岩爆、大变形、高地温、高压涌水等。
- 施工通风、出渣运输、施工排水等难题。

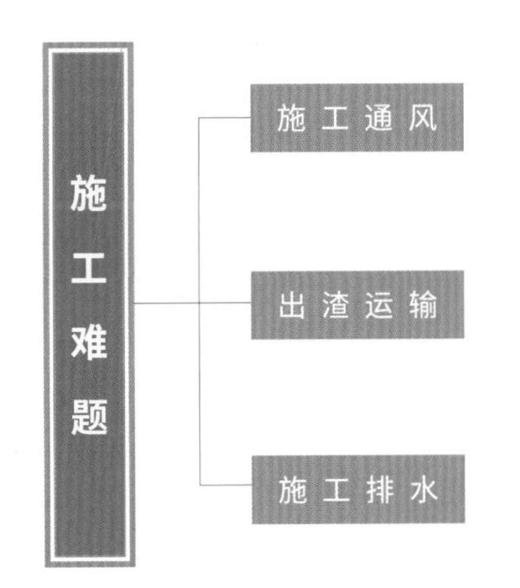

施工通风
- 受最大独头通风距离限制；
- 施工洞室纵横交错，布置密集，爆破排烟、空气置换时间长；
- 通风循环系统复杂。

出渣运输
- 开挖规模大，出渣量大；
- 无轨运输洞内交通流量大，组织困难，内燃机污染严重；
- 皮带运输，钻爆法施工时还需进行破碎和倒运。

施工排水
- 洞室埋深大，排水总扬程高；
- 洞室纵横交错，抽排水系统布设复杂；
- 长期高负荷机械排水，设备维护量大。

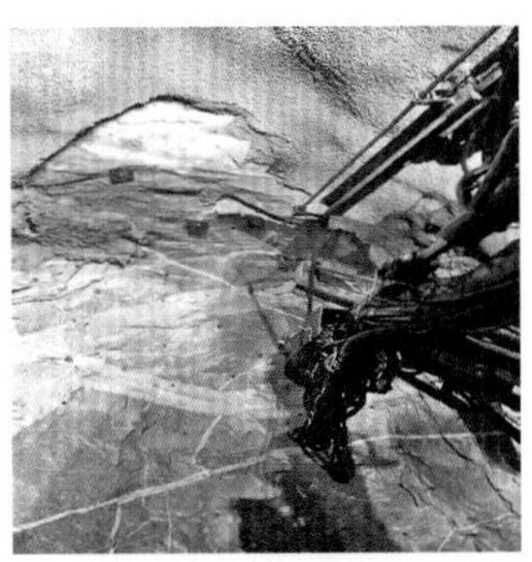
岩爆：威胁作业人员和设备安全，直接影响进度，增加难度

大变形：造成大量返工，进度滞后，增加难度

高地温：采取降温措施，影响施工效率

❖ 确保地下空间结构坚固耐久关键技术

- 分部开挖技术。“品”字形分部开挖，振速控制爆破，导洞先爆、后扩挖，弱爆破、少扰动，快支护，保护围岩完整性。

- 支护技术。采取一喷二锚联合支护工法（普通砂浆锚杆 + 拱架 + 喷射混凝土，预应力砂浆锚杆 + 拱架 + 喷射混凝土，预应力锚索加固围岩），初期支护承担全部荷载、完成全部止水，二次衬砌作为结构受力和防水的储备层。

- 衬砌技术。长寿命高性能混凝土技术一：采用可控钙镁复合膨胀补偿收缩技术，控制混凝土的放热速率，改善混凝土黏度，加强养护；长寿命高性能混凝土技术二：采用粉煤灰、磨细矿渣粉和硅灰等活性矿物材料作为掺合料，选取双膨胀源高性能膨胀剂作为外加剂，配制长寿命高性能混凝土，满足混凝土抗变形及耐久性要求。

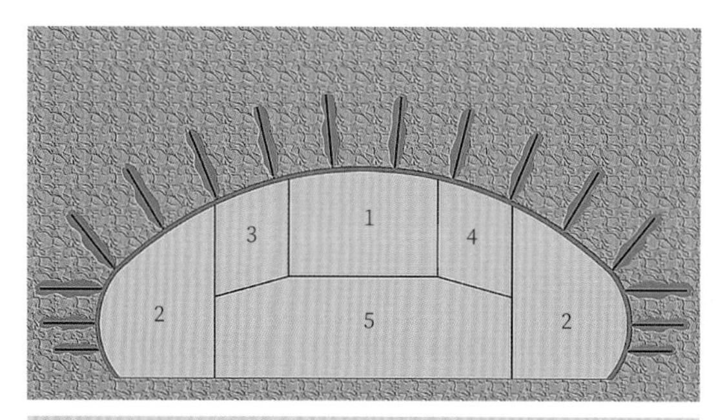

锚杆 / 锚索 + 初期支护

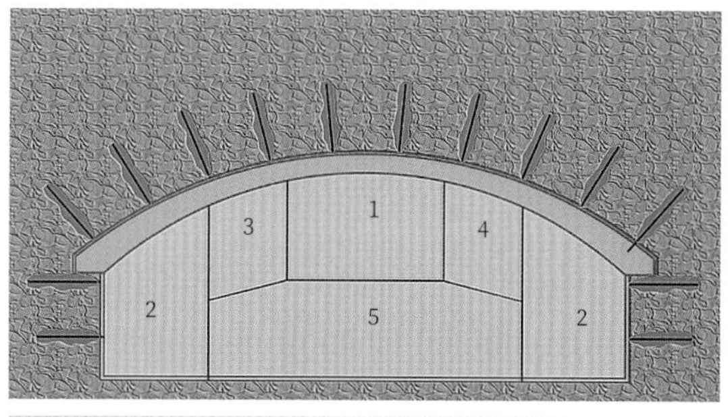

加强型结构——拱盖方案

喷雾养护

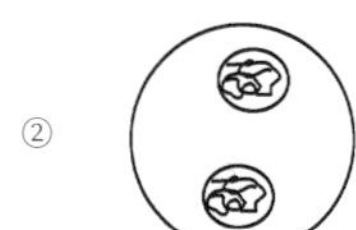

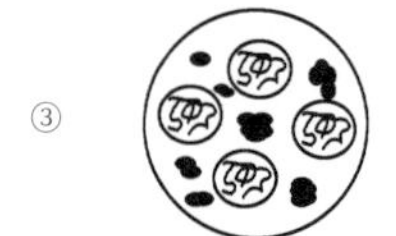

黏度改性

❖ 结构防排水

结构地下水主要以防排结合的手段进行处理，但随着工程埋深增加，水压力随之增大，防排水技术难度增大。

防水

- 加固围岩堵水。
- 初期支护止水。
- 二次衬砌防水安全储备。

排水（无自排条件）

- 完善的排水系统。
- 强大的集水系统（地下水库）。
- 自动强抽排系统。
- 可维护、检修的排水系统。

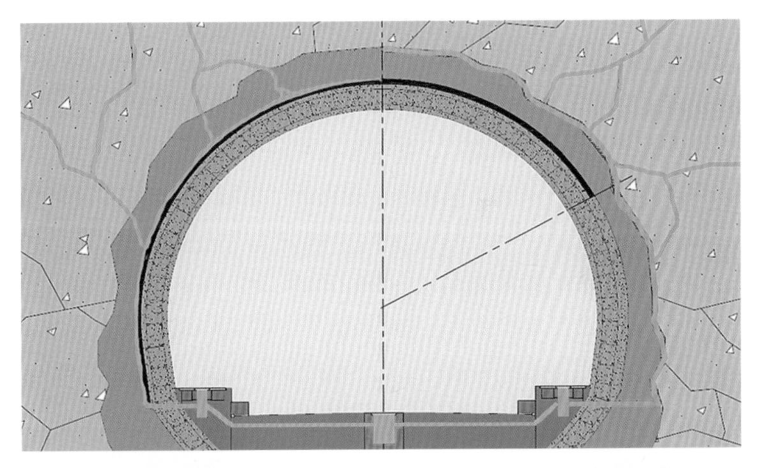

施工环境保障技术

深部地下空间施工环境保障技术主要包括施工通风除尘、施工排水、渣土运输及施工期地下水处理等技术，施工通风除尘、施工排水、渣土运输等技术在竖井、斜井技术中已有介绍，不再赘述；本节主要介绍深部地下空间施工期地下水处理技术。

❖ 施工期地下水处理技术

50m 以深的地下空间水处理是工程关键技术之一。深部地下空间，在高水压力作用下，一般结构难以承载，采用特殊结构又不经济，宜结合工程地质条件采用注浆止水或限量排放等方案进行处理；对地下空间防水有特殊要求的，宜采用地层防水技术，如注浆止水、夯填黏土层防水。

针对高压富水地段施工，易发生突泥、突水，为确保安全，应采取“短进尺、少扰动、快封闭、强支护”措施，并采取以下防排水措施。

- 加强超前地质预报，探明前方地层条件和地下水情况。
- 遇高压富水断层应采用超前帷幕注浆等预加固、堵水措施。
- 配备足够的排水能力，充分考虑备用设备、备用电源等。

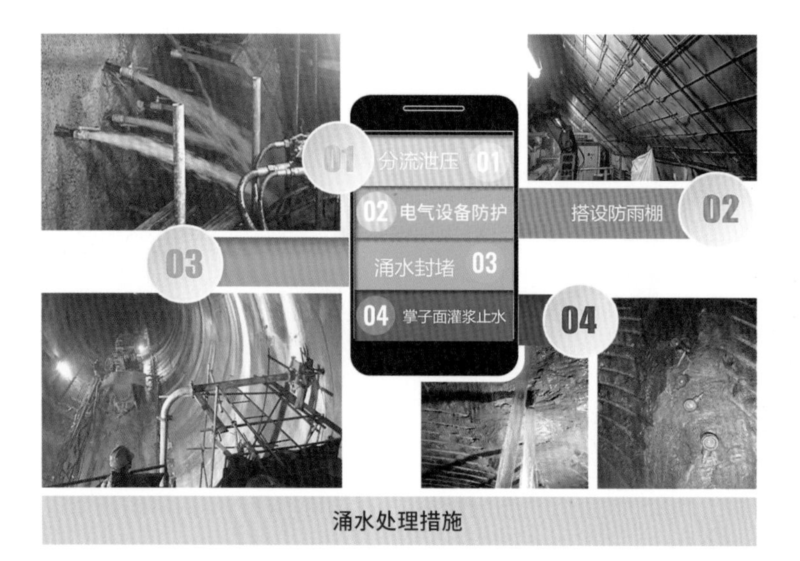

涌水处理措施

以深部资源开发、深地空间利用及核废物处置等重大工程作为向地球深部进军的重要内容，面临着一系列重大现实需求，千米级深竖井作为进入地下深部空间的主要通道，面临的复杂多变地质条件、十兆帕超高泥浆压力、百兆帕极硬岩体、千米高度岩渣提升与物料输送等极端工况，远远突破了现有的爆破、冻结、钻井、注浆等传统技术手段与装备所具备的能力极限。因此，千米级深竖井建造新型装备研制与工法创新不仅是为应对我国深部地下空间开发建设需要，更是为应对我国能源与国防安全，对推动我国基础科学发展与前沿技术进步、开展军民融合，促进“一带一路”沿线国家资源合作开发意义重大。

中国铁建 2018 年启动了“千米级竖井掘进机关键技术研究及设备研制”科技重大专项，开展了深竖井全断面掘进高效破岩技术及装备、深竖井岩渣连续垂直输送技术及装备、深竖井全断面掘进同步支护技术及装备、深竖井掘进机作业精准导向与测控技术等研究，搭建了千米级竖井掘进机试验平台，已成功研制开挖深度小于 200m 的竖井掘进机，实现了工程化应用。

超高压（深海）压力矫正实验台

垂向重负载推进实验台

5.2.4 施工安全监控

1. 施工安全智能监控系统

通过 BIM 技术实现工程信息三维可视化，结合5G技术构建“感知精确化、采集实时化、分析耦合化、监控可视化和应用便利化”的城市地下大空间施工安全可视化智能监控系统，对施工安全状态实时全面监控。

Web 客户端

BIM 模型展示界面	实时数据展示界面	报警信息展示界面	实时摄影抓拍界面	专家决策展示界面
项目信息地图分布界面	预测数据比对界面	设备管理配置界面	用户管理配置界面	报表管理界面

数据软总线（分布式消息队列服务）

WebSocket 服务
- 实时数据推送
- 实时报警推送

WebService 服务

历史数据查询接口	预测数据查询接口	影像抓拍接口
历史报警查询接口	专家决策查询接口	设备管理配置接口
报表生成接口	用户管理配置接口	

数据处理服务

数据预处理模块	数据二次处理模块	实时报警模块	数据融合处理模块	预测预警模块	专家决策模块

存储服务

实时数据存储	报警信息存储	传感器配置信息存储	用户配置信息存储	日志存储

2. 分级预警、安全预测及应急预案

- 地下空间工程监测数据预测模型。
- 致险因子的控制指标与阈值。
- 施工多因素安全预测。
- 基于 BIM+ 物联网安全风险预警与实时控制技术，实现施工安全状态分级预警 。
- 施工应急预案。

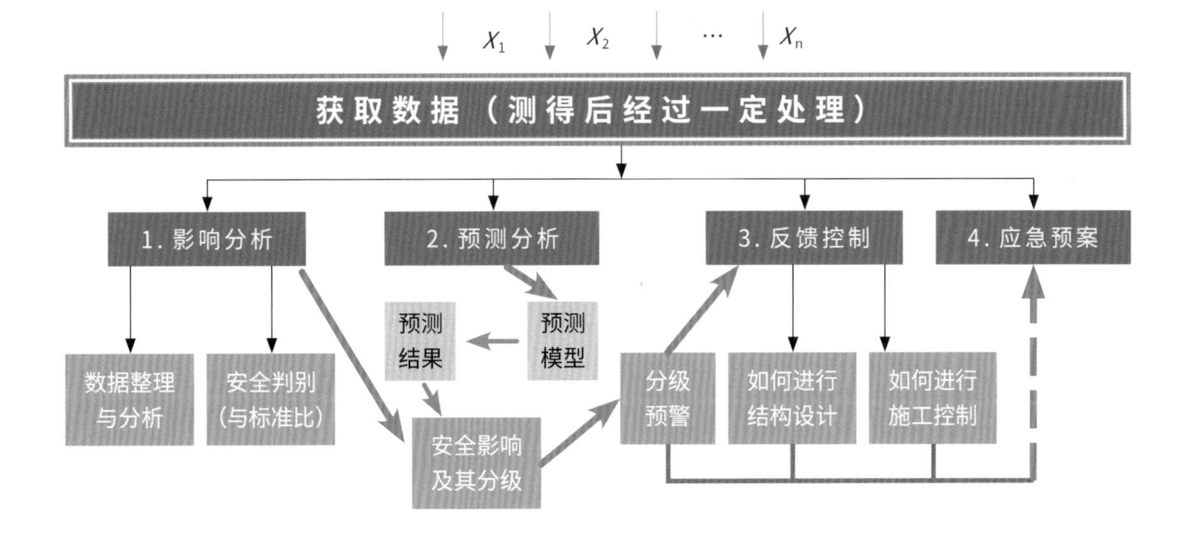

3. 监测技术

依托国家重点研发计划“城市地下大空间安全施工关键技术研究”项目，开发了施工安全可视化智能监控系统，包括以下监测技术：

- 对施工变形、应力、位移监测的高精度感知技术。
- 安全可靠的数据传输技术。
- 多源协同监测数据预处理技术。
- 基于时空特性的多源异构监测数据融合技术 。
- 基于长短时记忆网络的监测数据预测技术。

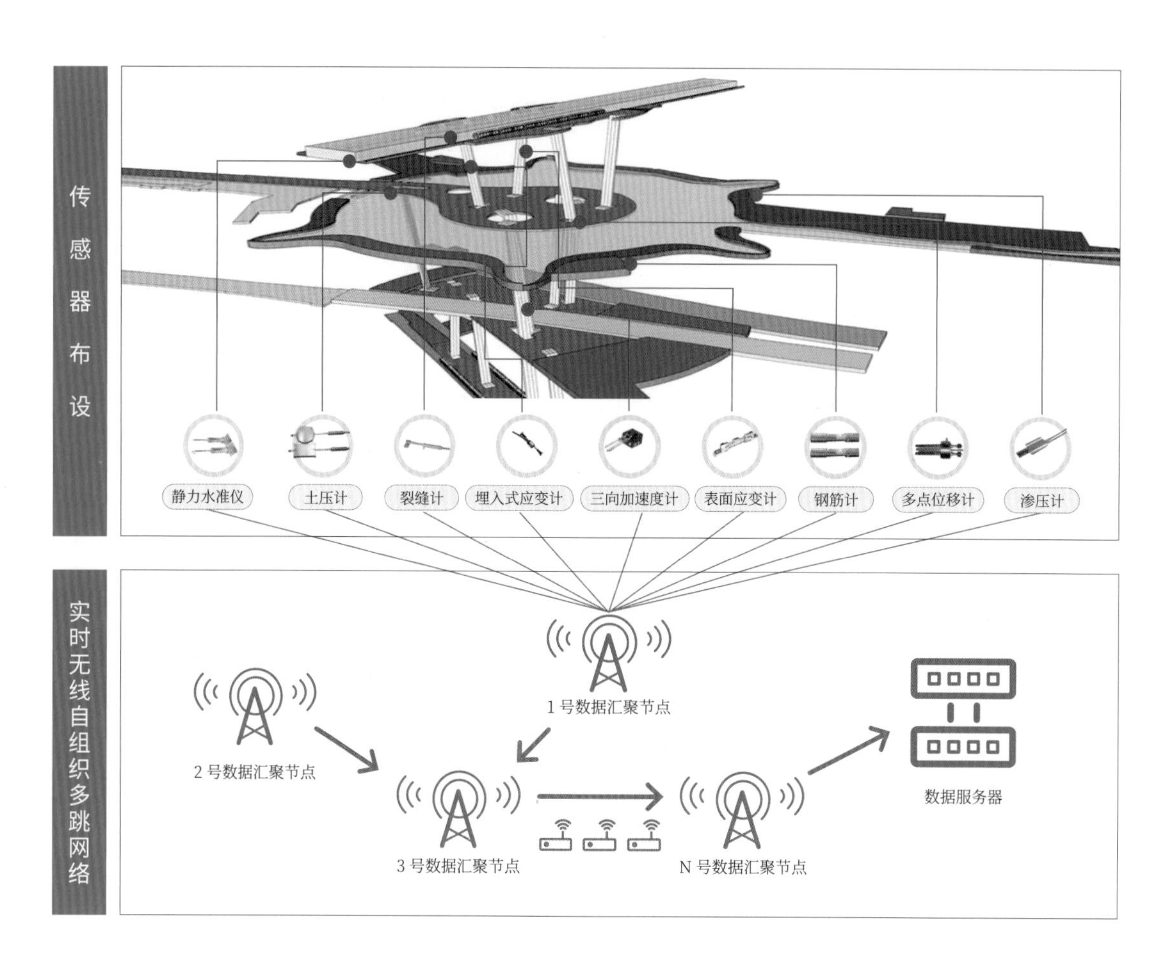
传感器布设
静力水准仪
土压计
裂缝计
埋入式应变计
三向加速度计
表面应变计
钢筋计
多点位移计
渗压计
实时无线自组织多跳网络
1 号数据汇聚节点
2 号数据汇聚节点
3 号数据汇聚节点
N 号数据汇聚节点
数据服务器

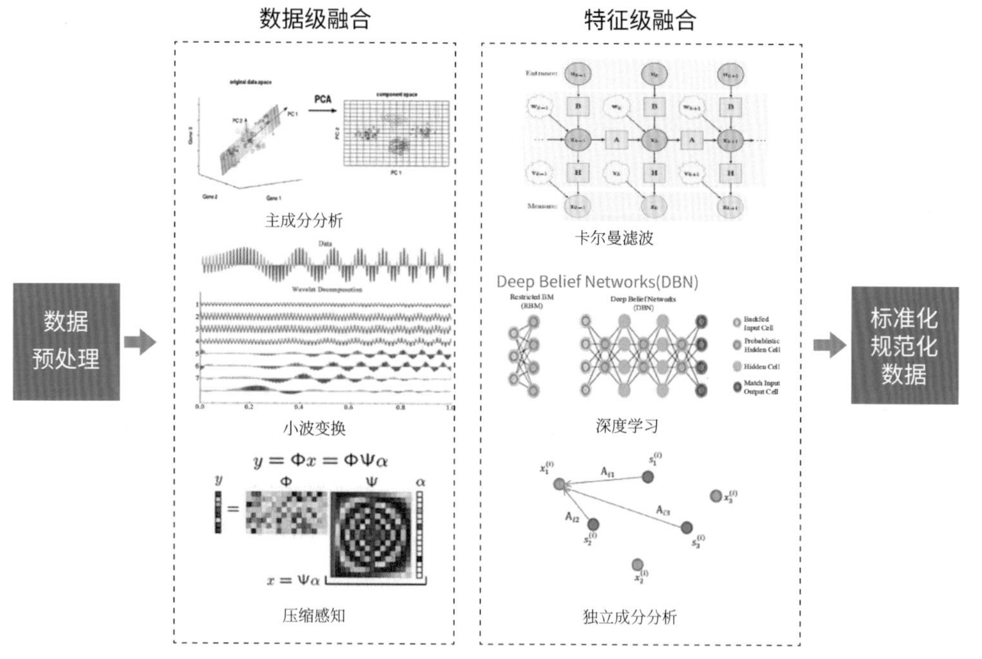
数据级融合
特征级融合
数据预处理
PCA
主成分分析
小波变换
$y = \Phi x = \Phi\Psi\alpha$
$x = \Psi\alpha$
压缩感知
卡尔曼滤波
Deep Belief Networks(DBN)
深度学习
独立成分分析
标准化规范化数据

绿色营造

GREEN CONSTRUCTION AND ENVIRONMENT CREATION

地下空间具有神秘、幽闭、静稳、消极恐惧等心理特性，需要打造适合人类工作和生活的舒适环境，营造绿色空间，尤其是深部地下空间绿色营造非常关键。

1. 人居生活保障

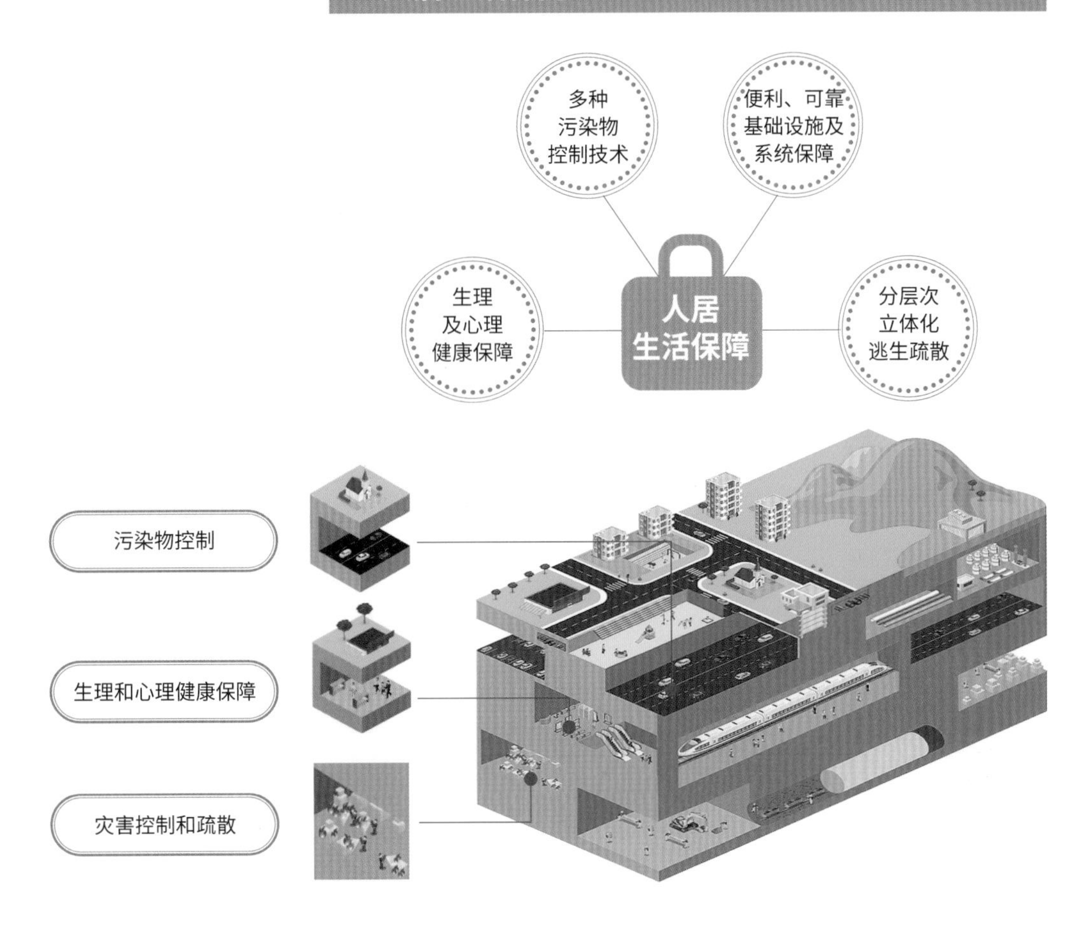

2. 微循环系统保障

微交通
(智能交通)
微处理
(垃圾、
空气净化)
微农业
(种植)
微循环
系统保障
微商业
微能源
(地热能)

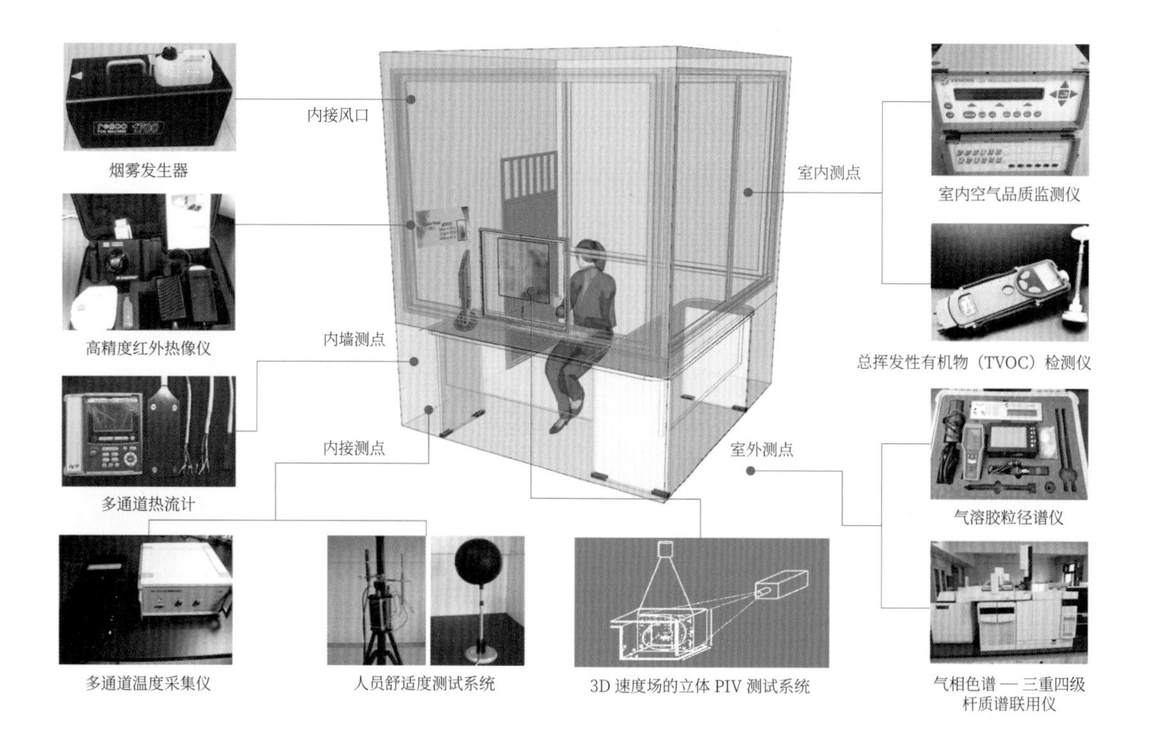
内接风口
烟雾发生器
高精度红外热像仪
内墙测点
多通道热流计
内接测点
室内测点
室内空气品质监测仪
总挥发性有机物（TVOC）检测仪
室外测点
气溶胶粒径谱仪
多通道温度采集仪
人员舒适度测试系统
3D 速度场的立体 PIV 测试系统
气相色谱 — 三重四级
杆质谱联用仪

3. 洞内环境保障

注重洞内环境控制，打造功能化、人性化、节能化于一体的地下空间。

水源保障技术
裂隙水收集
分质供水与排水
冷却水循环利用
水资源综合调配
解决水源短缺与用水安全问题

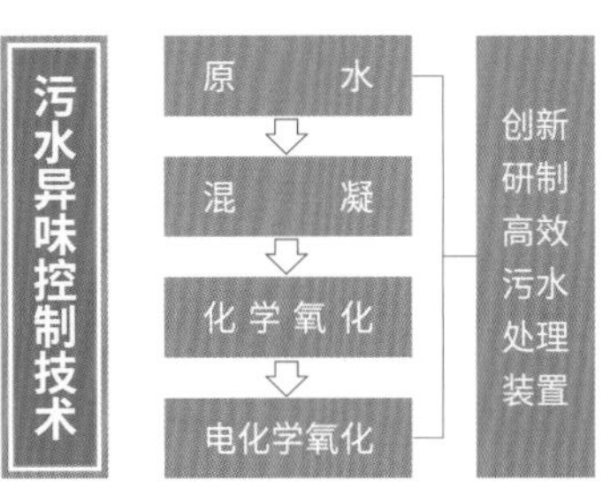

❖ 供水

采用多水源保障技术，创新研制高效污水处理装置。

❖ 热温环境

根据地下空间规模、布局、功能、性质，采用自然与机械相结合的方式，设置合理高效的温度、湿度控制及气流组织系统，保障舒适宜人热温环境。

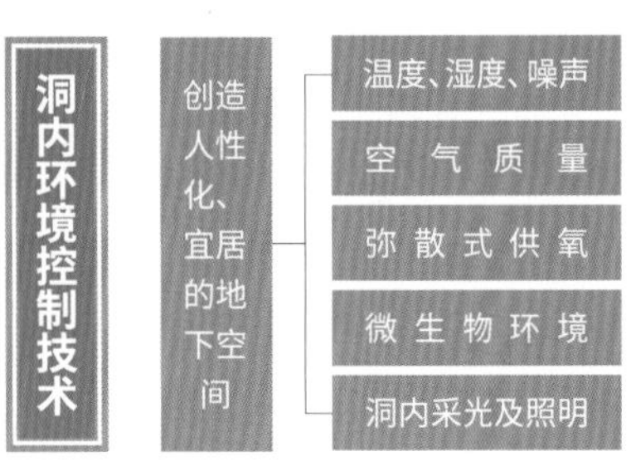

❖ 降噪

地下空间从外部侵入的噪声不多，内部产生的噪声也难以外漏。在地下空间必须考虑噪声传播方向的布局和平面设计，通常对产生噪声的机器进行消声防振处理。

地下空间噪声环境质量相关标准

序号	建筑类别	房间功能、性质	噪声级[dB（A）]	备注
1	地下办公建筑	办公、会议室	≤ 45	《城市地下空间开发利用关键技术指南》
2		计算机房、图书阅览室	≤ 40	
3	地下住宅建筑	卧室、书房	≤ 45	
4		起居室	≤ 50	
5	地下医院	病房、医护人员休息室、手术室	≤ 45	
6		门诊室	≤ 55	
7	地下旅馆	客房	≤ 40	
8		餐厅、宴会厅	≤ 55	
9	地下娱乐场所	电影院	≤ 40	
10		音乐厅	≤ 25	
11		剧院	≤ 30	
12	地下餐厅	餐厅	≤ 55	《城市地下空间内部环境设计标准》（CECS 41—2016）
13		餐饮加工区（厨房）	≤ 60	
14	地下商场	营业厅、办公区	≤ 55	
15		休息区	≤ 45	
16		音响设备区	≤ 85	
17	地下车库	车库	≤ 60	

❖ 声舒适环境

为防止绝对安静带来的不安和焦躁，需人为创造和谐、舒适的声源，当地下空间声环境处于 20 ～ 45dB(A) 时，人体声觉舒适度最佳，犹如轻声絮语。

❖ 空气质量

采用污染源头控制、气流组织控制、污染稀释控制、污染净化控制等多重措施，保障高品质的空气环境。

空气质量保障

❖ 霉菌控制

地下建筑中的潮气和霉菌生长导致过敏性和非过敏性疾病，导致建筑物表面的腐蚀和破坏，持续的霉菌增长是地下建筑构造中的潮气造成的。建筑内表面的潮湿度 MC（Moisture Content）大约在 0.65 以下，霉菌的生长就不可能了；如几天时间中建筑表面 MC 大于 0.80 的情况下霉菌易于发生。控制霉菌生长的措施：

- 地下水渗漏的控制。
- 建筑表面潮湿的控制。
- 控制地下空间内的空气相对湿度。
- 防霉抗菌涂料应用。
- 霉菌生长空气净化技术。

霉菌生长空气净化技术

空气净化技术	可净化污染物种类	优　点	缺　点
静电除尘	微生物、颗粒污染物	除尘效率高、压力损失小、除尘粒径范围广	初期投资高、电场易击穿等
纤维过滤	微生物、氡、颗粒污染物	价格较低、安装容易	中、高效过滤器阻力相对较大，阻力与净化效率相关
等离子	所有室内污染物	污染物净化品种较多	降解过程中易产生副产物
光催化	微生物、TVOC 及其他无机气态污染物	净化范围广、寿命长、不存在吸附饱和现象	净化速率较慢，易造成二次污染反应不完全
活性炭吸附	所有污染物除生物性污染物	污染物净化范围较大、不易造成二次污染	存在再生问题、阻力相对较大、无机物处理效果差
负离子	微生物、颗粒污染物	能加速新陈代谢、强化细胞机能、对于一些疾病有治疗功效	会产生大量臭氧、导致二次污染、沉积的尘埃对墙壁造成污染
紫外线杀菌	微生物	杀菌效率高、不污染环境、安全方便	动态杀菌效果相对较差

❖ 人工光源

生产像自然光一样波长的光源，与办公室、住宅和庭院体系配套使用，营造舒适环境。

❖ 绿色种植

深地生态圈构建，通过设置人造阳光、生态植被、深地农牧业、水系等，在深地空间进行绿色农业种植。

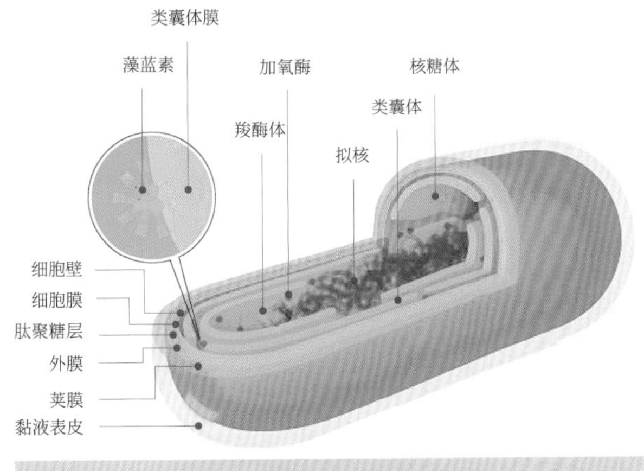

蓝藻等二氧化碳高转换率植物

地下空间灾害难发现、易扩大、难防控，研发灵敏感知、有效决策、科学管控的智能运维系统，加强运维管理，是确保地下空间基础设施安全运行的根本保障。智能运维系统一般含光、电、声、像融合的感知技术，状态数据在线监测技术，机器人灾害识别技术及安全监控、联动协调、智能化决策和管控技术等。

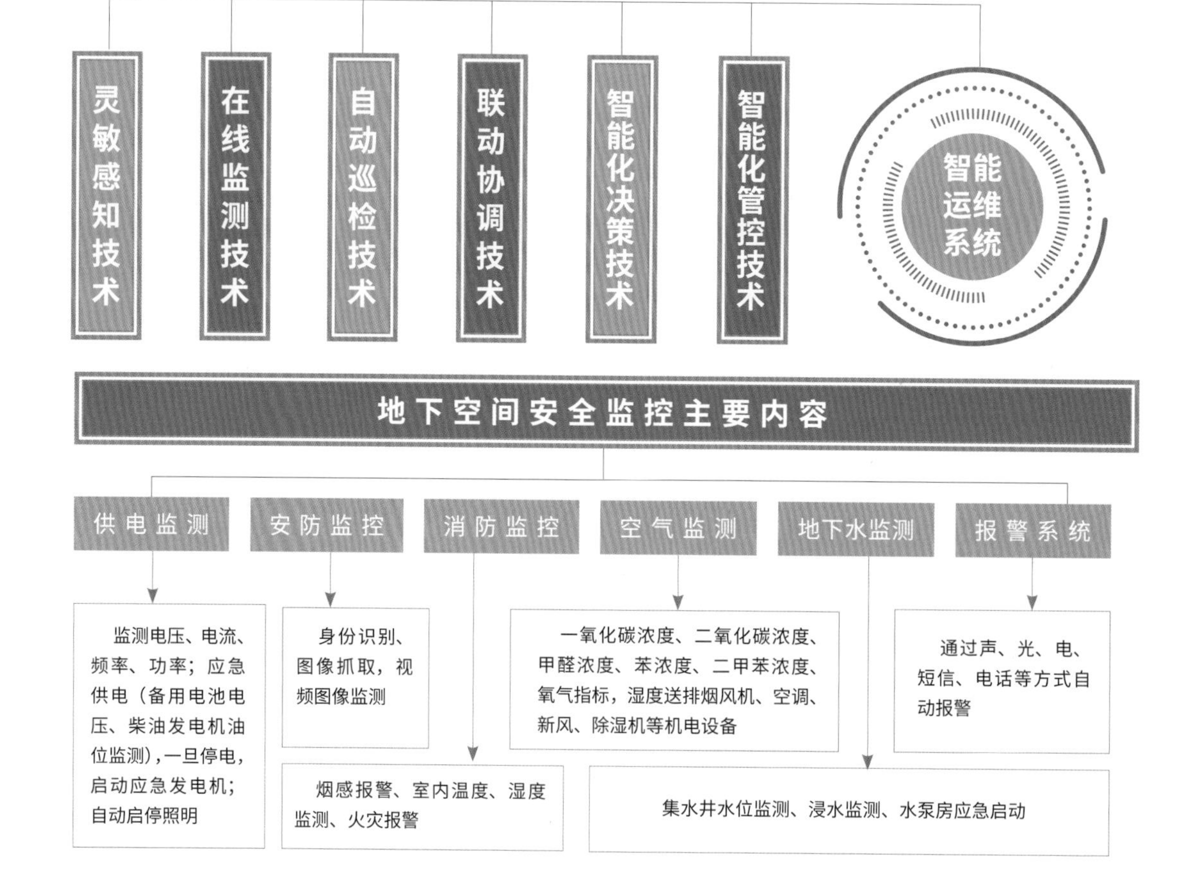

1. 智能运维系统

“集中高效、性能优质、快速响应”的一体化、智能化运维系统。

- 构建“一级监控、集中维护、统一资源管理、统一调度”的扁平、垂直智能运维体系。
- 建立低碳环保、绿色节能的维护模式以及领先的运维服务规程。
- 基于 5G、云计算、大数据、人工智能、物联网技术，构建灵敏感知、敏捷联接、融合分析、有效决策、科学管控的智能化运维平台。

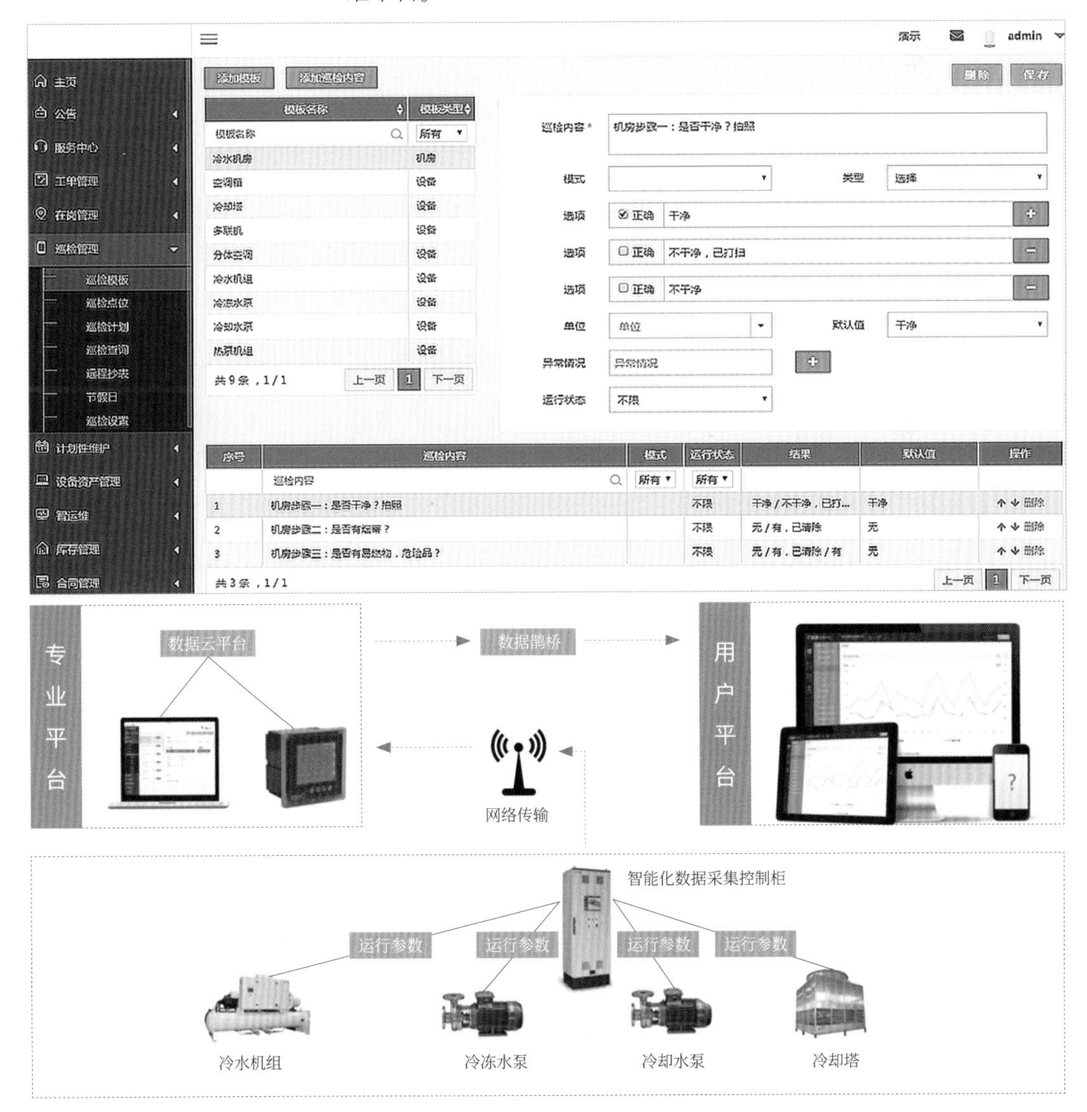

2. 灵敏感知技术

- 地下基础设施多种传感器与结构体之间的耦合作用。
- 传感器与结构形变、应变和沉降等病害参量之间的转换模型。
- 新型微结构光纤分布式声谱传感监测，微结构集成增敏光纤、高保真声谱反演成像，振动、声波、形变、视频、温感等多维度融合大尺度传感等关键技术。

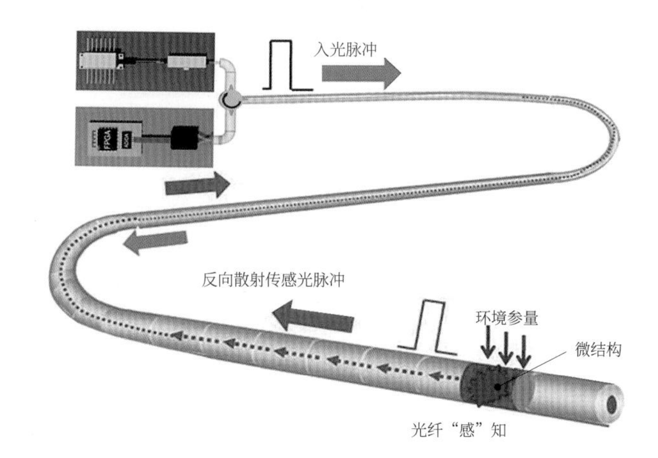

3. 在线监测技术

❖ 高可靠、高精度的实时在线监测

- 基于分布式光纤 / 光栅融合传感的隧道结构状态实时在线自动监测技术。
- 基于图像和电学传感器融合的关键设备及管线系统故障实时在线自动监测技术。
- 基于微结构光纤声谱传感的地下基础设施异物入侵在线自动监测技术。

● 基于光纤和电学传感器融合的地下基础设施火灾在线自动监测技术。

● 基于光纤水位传感和视频监控融合的地下基础设施水灾在线自动监测技术。

4. 自动巡检技术

● 移动激光扫描技术的隧道病害智能检测方法。

● 基于机器视觉、动态激光扫描、电磁 - 超声波 - 图像融合的病害检测技术。

● 同时具备视 / 力反馈拟人作业和远程遥操作功能的机械臂技术及地下环境毫米级定位技术。

● 集成自主可控检测技术，研制多功能柔性智能巡检机器人，解决精准自主作业难题，实现病害的自主动静态一体化巡检。

5. 联动协调技术

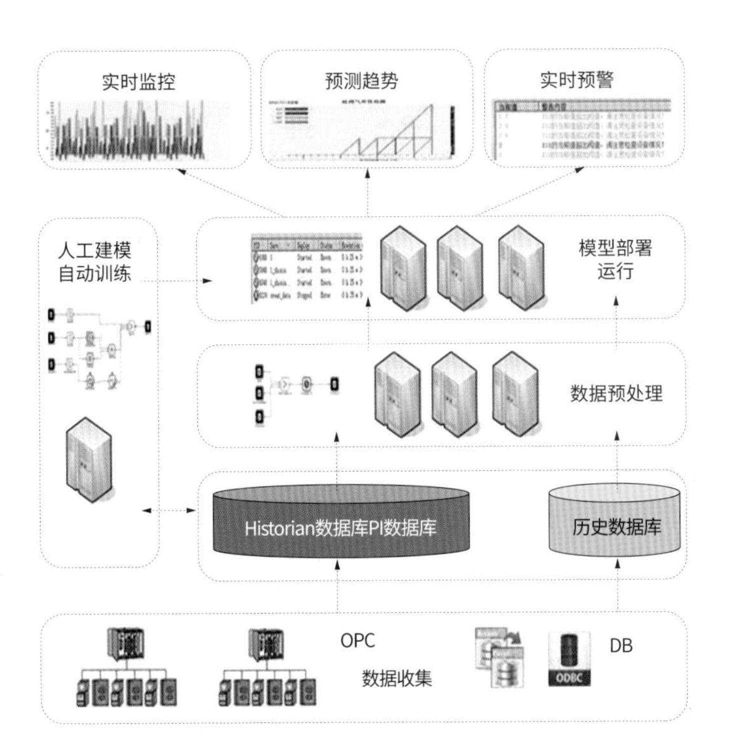

决策融合算法和智慧化预警应急联动协调算法，解决海量数据智能决策与可视化管控难题，实现决策管理的智能化。

● 预警及应急联动数据采集接口集成及数据分类管理。

● 预警、告警、联动管理。

● 三维可视化虚实联动集成应用。

● 跨平台可视化调度指挥技术。

6. 智能化决策技术

- 多维感知数据关联分析、深度解析和融合利用。
- 地下异构协同无线组网技术及其实现。
- 应急调度指挥快速决策算法。
- 地下基础设施运行状态全息感知与智能诊断决策系统平台。

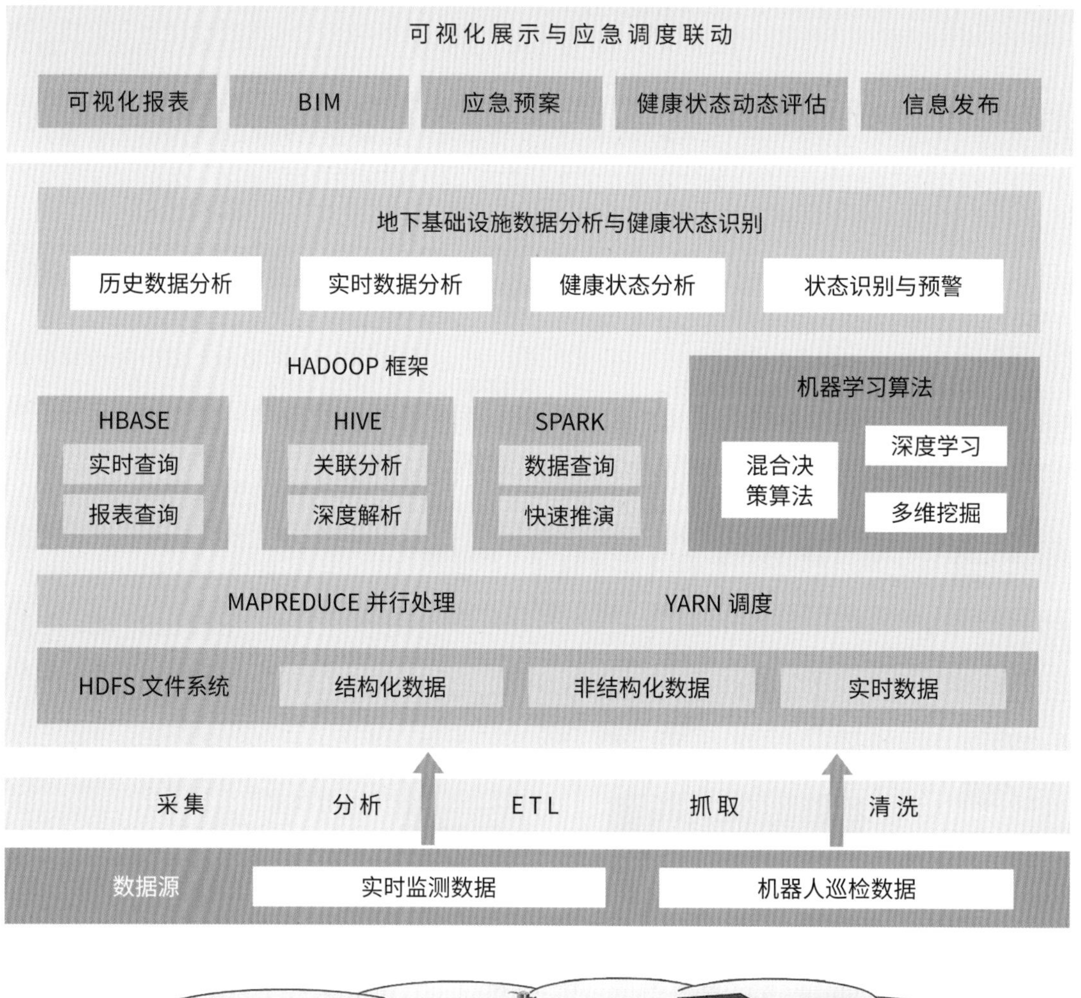

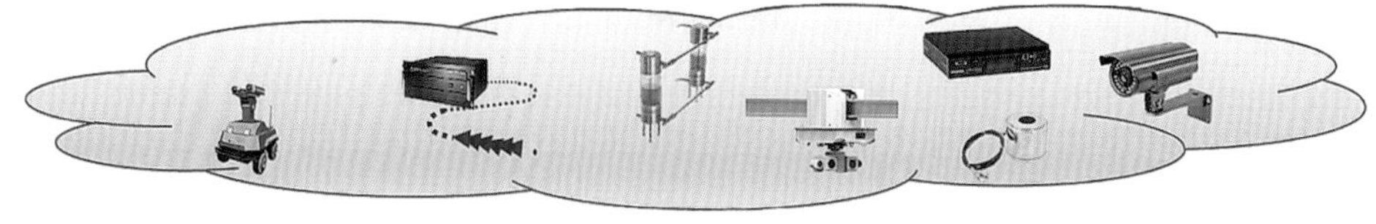

7. 智能化管控技术

- 应急资源优化组合算法。
- 分级分类灾害与数字化应急预案匹配模型。
- 动态部署、动态评估和多层级信息共享的决策支持体系。
- 构建 BIM 可视化应急管理方案，实现智慧化应急协调。
- 灾后快速恢复联动机制。

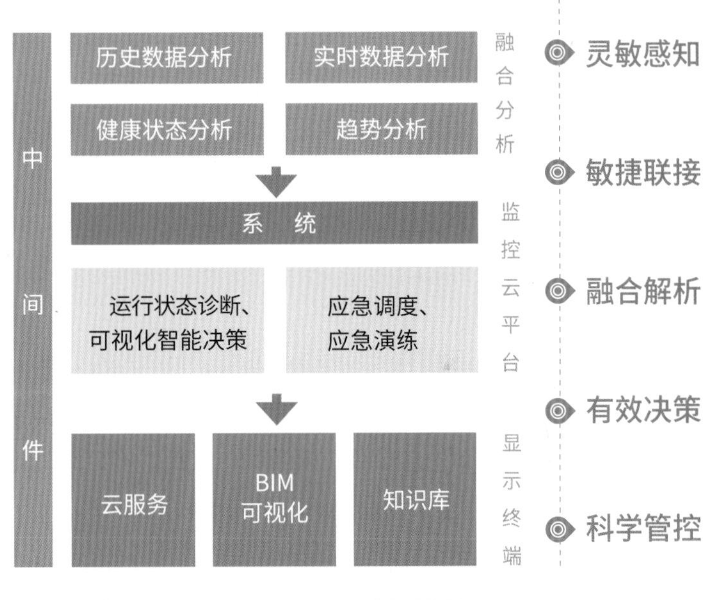

典型工程

TYPICAL PROJECT

1. 武汉光谷交通综合体

❖ 复杂地下综合体

集轨道交通、市政道路、地下商业及公共空间于一体的城市地下综合体，包括3条地铁线路（2号线、9号线、11号线）、2条市政隧道以及光谷广场地下空间，为亚洲最大的城市地下综合体。

❖ 建筑规模

地下三层半结构，建筑面积约16万m^2。

❖ 技术特点

立体交叉、分层叠摞；最大开挖深度34m，最大地下结构跨度26m；结构型式复杂、异形基坑深度多变、分区网络化拓建；临近地铁运营线施工、地面5条市政道路交汇；体现了中国传统文化中“一元、二仪、三才、五行、六合、九宫”的建筑风格。

扫码观看案例详情

规划设计单位：
中铁第四勘察设计院集团有限公司
施 工 单 位：
中铁十一局集团有限公司

2. 广深港高铁深圳福田站

扫码观看案例详情

❖ 多制式综合交通

集地铁、高铁、公交于一体的亚洲最大、全球第二的地下交通枢纽站，也是首座城市高铁地下车站。

❖ 地下综合体

集交通、商业、人防于一体，总建筑面积为 15.15 万 m^2。

❖ 技术特点

地下 3 层结构，开挖深度 32m、宽度 78.86m，复杂超长无缝结构长 1023m。

勘察设计单位：

中铁第四勘察设计院集团有限公司

施 工 单 位：

中铁十五局集团有限公司

3. 南京青奥轴线地下工程

❖ 复杂城市地下互通立交

国内首次采用三层叠交近距隧道结构群形式的交枢纽工程。平面“T”字形布局，东接南京绕城高速公路，西连扬子江大道、梅子洲过江通道等交通路网，与青奥会议中心、青奥村等主要场馆无缝衔接。

❖ 建筑规模

隧道总长 5769m，匝道 11 条，结构面积 7 万 m^2，地下空间 2.1 万 m^2。

❖ 技术特色

上下三层结构，叠摞布置，立体交叉；工程最大宽度 75m，最大埋深 32m；超大超深非对称异形基坑群；新型变刚度地下连续墙围护结构、长江漫滩高承压水大型超深基坑分区组合式降水技术。

规划设计单位：
中铁第四勘察设计院集团有限公司
施 工 单 位：
中铁十四局集团有限公司
中铁十五局集团有限公司

扫码观看案例详情

扫码观看案例详情

中国铁建股份有限公司总承包
规划设计单位：
中铁第四勘察设计院集团有限公司
施 工 单 位：
中铁十四局集团有限公司
中铁十五局集团有限公司

4. 南京南部新城中片区地下空间

❖ 站城一体化综合开发

采用 TOD 开发模式，围绕两个地铁换乘枢纽站形成两个地下公共活动节点，打造独具南京历史文化风格的地下特色空间。

❖ 建筑规模

中片区地下空间规划 4 条轨道线，包含三角地块地下空间和三站两区间公共通道，地下四层布局，总建筑面积达 29 万 m^2。

❖ 技术特点

位于南京老机场，历史文物保护与开发并重；地下空间高度集约复合，资源共享；网络化、大跨度地下空间。

5. 重庆沙坪坝站铁路综合交通枢纽工程

❖ 高铁城市综合体

国内首个高铁车站站场上盖综合体，作为城市综合体开发的典型案例，国内最大、功能最全、全方位的现代化城市综合交通枢纽。

❖ 建设规模

地下八层，总占地面积 21.82 公顷，总建筑面积约 28 万m^2。

❖ 技术特点

城市和交通融合发展，铁路上盖综合体；功能立体叠加，实现多种交通方式“零距离换乘”；超大型深基坑，基坑最深 45m、宽度 125m；机电安装及复杂结构工程施工中应用 BIM 技术；闹市区精细化控制爆破。

扫码观看案例详情

施 工 单 位：
中铁十七局集团有限公司

6. 长春地铁 2 号线袁家店装配式车站

❖ 建设规模

袁家店车站站长 310m、高 16m、宽 20m，由 88 环拼装而成，为国内首个装配式车站。

❖ 技术特点

大型预制构件拼装精度高，注浆及防水技术要求高；缩短工程建设周期，提高建设速度；绿色、环保、节能；减少施工用地，降低对周边环境影响；节省现场施工劳动力；工序少，质量易控制，安全风险低。

扫码观看案例详情

施工单位：

中国铁建大桥工程局集团有限公司

7. 港珠澳大桥拱北隧道

❖ 建筑规模

拱北隧道全长2740.3m，下穿国内最大的陆路出入境口岸——珠海拱北口岸，其中255m暗挖地段，高21m，开挖断面达336.8m^2。

❖ 技术特点

施工采用世界最长的曲线管幕，搭建一个长255m、直径24m的超级“冰桶”，相当于用10万台电冰箱来冻结软土，增加其强度、稳定性和不透水性，通过“冰桶”的保护进行隧道开挖，开创了国内首例“曲线管幕＋冻结法”施工方法，其管幕长度、管幕面积和冻结规模均刷新了世界同类隧道的施工纪录。

扫码观看案例详情

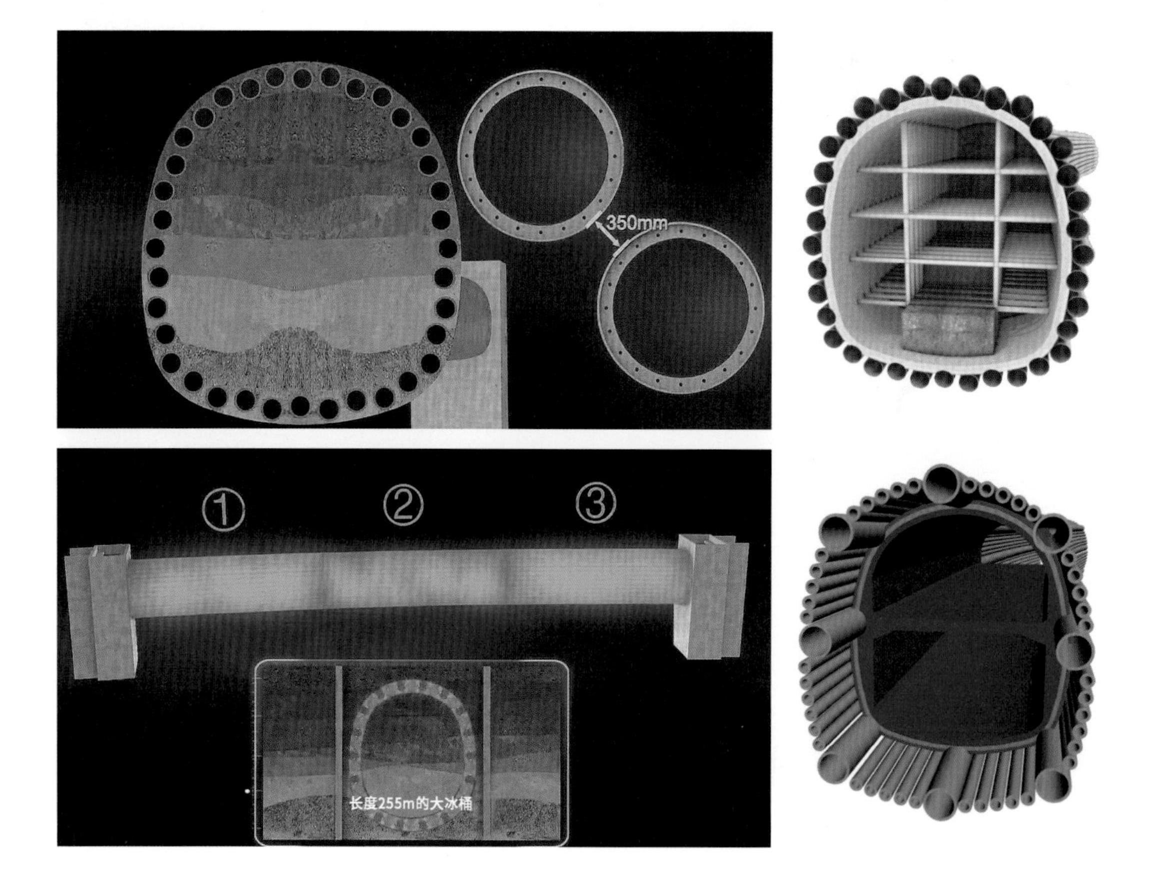

施工单位：
中铁十八局集团有限公司

8. 山东文登蓄能电站工程

❖ 建设规模

工程总装机容量1800MW，包括引水系统工程、地下厂房工程、尾水系统工程等总计75条隧洞，全长21.6km，为国内一等蓄能电站工程。

❖ 技术特点

地质条件复杂、工程规模大、结构类型多、地下洞室断面大，主厂房洞室开挖高度达53.5m、跨度为26.5m，最大开挖断面1337.5m^2，采用钻爆法+TBM工法施工。

施工单位：
中铁十四局集团有限公司

9. 神东补连塔斜井 TBM

❖ 建设规模

补连塔矿 2 号斜井长 2745m，采用双模 TBM 法施工，坡度为 5.5°，井筒内径为 6.6m、外径为 7.62m，最高月成洞 639m，是我国首座 TBM 法施工的煤矿长距离斜井工程。

❖ 技术特点

双模式 TBM 法施工、大坡度掘进姿态控制、大坡度反坡排水。

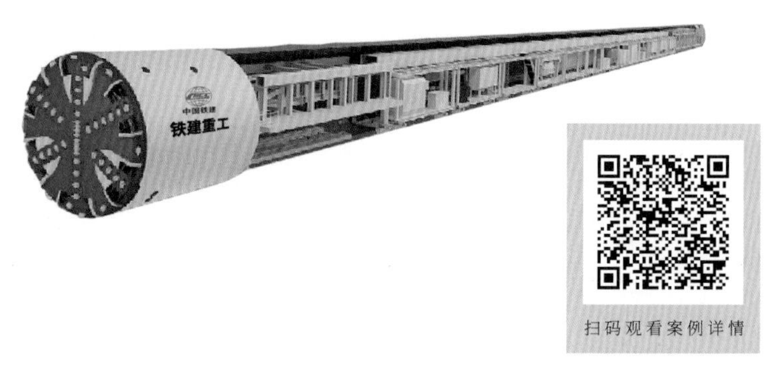

扫码观看案例详情

规划设计单位：
中铁第四勘察设计院集团有限公司
施　工　单　位：
中铁十一局集团有限公司

10. 太原市晋源东区综合管廊工程

❖ 建设规模

5 条综合管廊和 1 座控制中心，总长 10.15km，为当时国内结构断面最大、入廊管线最全、开挖最深的综合管廊工程。

❖ 技术特点

基坑最大开挖深度 19m，地下水位高、地质复杂，结构种类繁多的地下综合管廊。

污水舱
雨水舱
电力舱
综合舱
燃气舱

设计施工运营：
中国铁建股份有限公司

11. 锦屏二级水电站引水隧洞

❖ 建筑规模

引水隧洞由4条16.67km隧洞组成，中心距60m，开挖洞径13.8m，为世界规模最大、埋深最深的水工隧洞群。

❖ 技术特点

隧洞一般埋深1500～2000m，最大埋深2525m，硬岩大直径TBM掘进，高地应力、岩爆、突涌水问题十分突出。

施工单位：

中铁十一局集团有限公司

中国铁建大桥工程局集团有限公司

中铁十八局集团有限公司

12. 中国锦屏地下实验室

❖ 建设规模

洞室垂直覆盖厚度达 2400m，为世界埋深最大的暗物质地下实验室。

❖ 技术特点

洞室深埋于岩体，解决超高地应力、岩爆、超高水压等世界级工程技术难题。

施 工 单 位：
中铁十八局集团有限公司

13. 北京地铁西单站

❖ 建设规模

车站全长 259.4m、宽 26.14m、高 13.49m，最大断面 334m^2，设 5 个出入口、2 组风亭，为三拱两柱双层结构。

❖ 技术特点

车站位于首都繁华闹市区——西单，浅埋暗挖法施工，洞顶管网纵横密布，地质松软，地下水位高，施工采用双眼睛法，是我国首座地铁暗挖车站。

施 工 单 位：
中铁十六局集团有限公司

14. 秦岭隧道群

❖ 建筑规模

世界最大规模的隧道群，由2座铁路隧道、2座公路隧道、1座输水隧洞共5座各18km长隧洞组成，公路隧道建设规模世界第一，获FIDIC“全球百年奖”。

❖ 技术特点

国内首条TBM施工的特长铁路隧道，国内最复杂的公路隧道通风系统，洞内设置了人性化的灯光及景观带，通风竖井最大直径15.2m、最大深度661m。

勘察设计单位：
中铁第一勘察设计院集团有限公司
施 工 单 位：
中铁十二局集团有限公司
中铁十八局集团有限公司

15. 朝鲜平壤地铁

❖ 建筑规模

1968年原铁道兵援建平壤地铁3条线，全长24km，17座车站。

❖ 技术特点

世界埋深最深的地铁工程，最大埋深200m，平均埋深超过100m。

原中国人民解放军铁道兵援建

06 品质评价

QUALITY EVALUATION

目前，国内外没有针对城市地下空间的品质评价标准，因而无法科学评价城市地下空间品质的好坏，影响了城市地下空间的健康快速发展。为满足“人民对美好生活的向往”，顺应人民群众对城市地下空间安全、舒适、高效等品质化的需求，中国铁建创新团队研究提出了城市地下空间品质评价指标体系及评价标准，填补了该技术标准的空白，为科学判定城市地下空间“好”与“坏”提供了遵循标准，促进了我国城市地下空间高品质发展。

DEVELOPMENT AND UTILIZATION OF UNDERGROUND SPACE

06

1. 品质定义

地下空间功能及品质对人的生理及心理的适宜程度，以及对城市社会经济效益的提升价值。

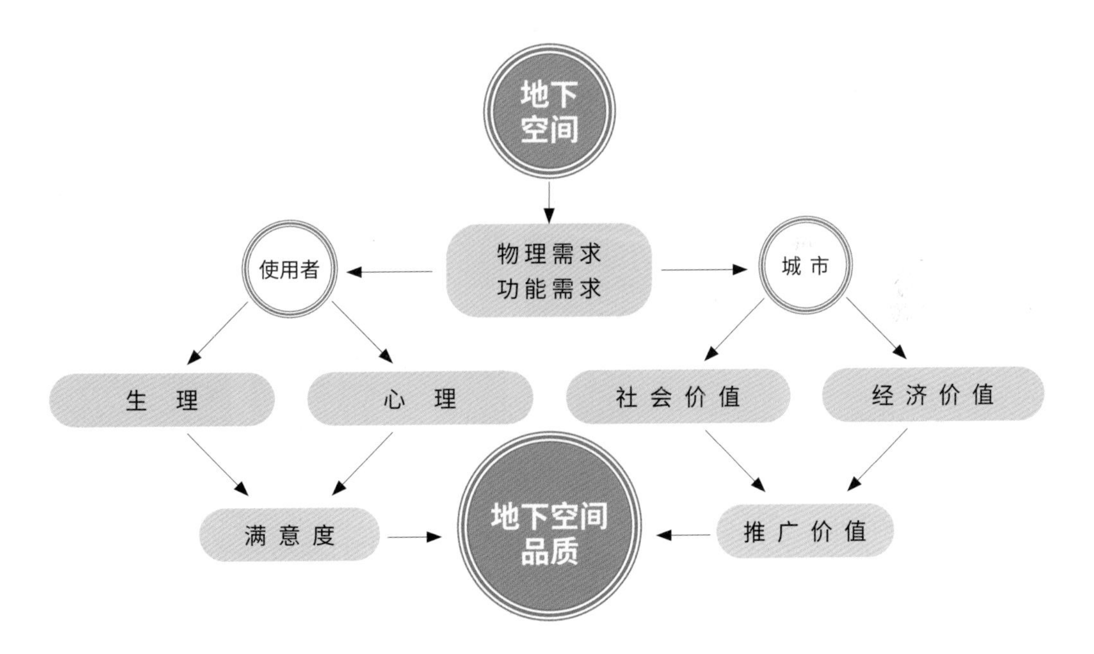

2. 品质评价特点

- 针对地下空间环境特点进行评价。
- 帮助建设者控制地下空间建设品质。
- 以人为本，纳入人的安全、健康、舒适、感受等要素。
- 贯穿规划、设计、施工、运营等全生命周期。

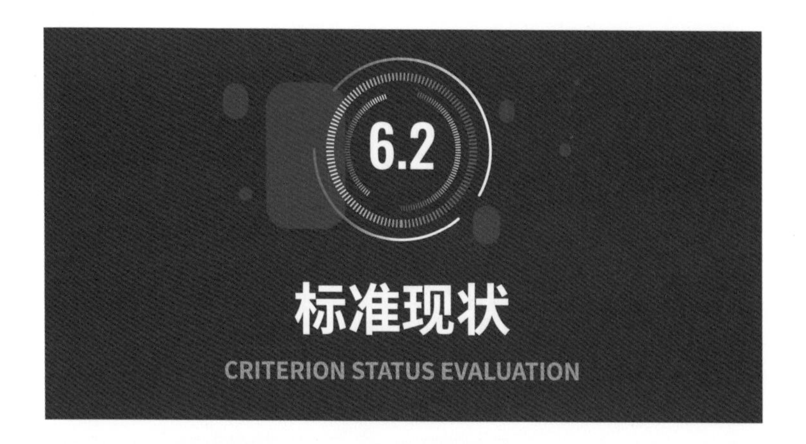

BREEAM	LEED	CASBEE	WELL
BREEAM® delivered by bre			
GREEN STANDARD (1990) 绿色标准	GREEN STANDARD (2000) 绿色标准	GREEN STANDARD (2000) 绿色标准	GREEN & QUALITY STANDARD (2003) 绿色标准 品质标准
· 没有针对地下空间 · 未纳入新的理念，如人类健康因素	· 没有针对地下空间 · 更注重地上建筑的绿色节能	· 没有针对地下空间 · 按建筑类别划分	· 没有针对地下空间 · 关注人体感觉

❖ 现有评价标准的不足

- 没有针对城市地下空间的评价标准。
- 没有全面涵盖绿色、环境、健康和运营管理。
- 没有帮助建设者控制地下空间品质。

为满足人民群众对城市地下空间安全性、舒适度、高效便捷性等品质化需求，提升城市地下空间节能、环保等绿色化品质，通过以评促建，打造高品质地下空间，创造良好的社会经济效益。

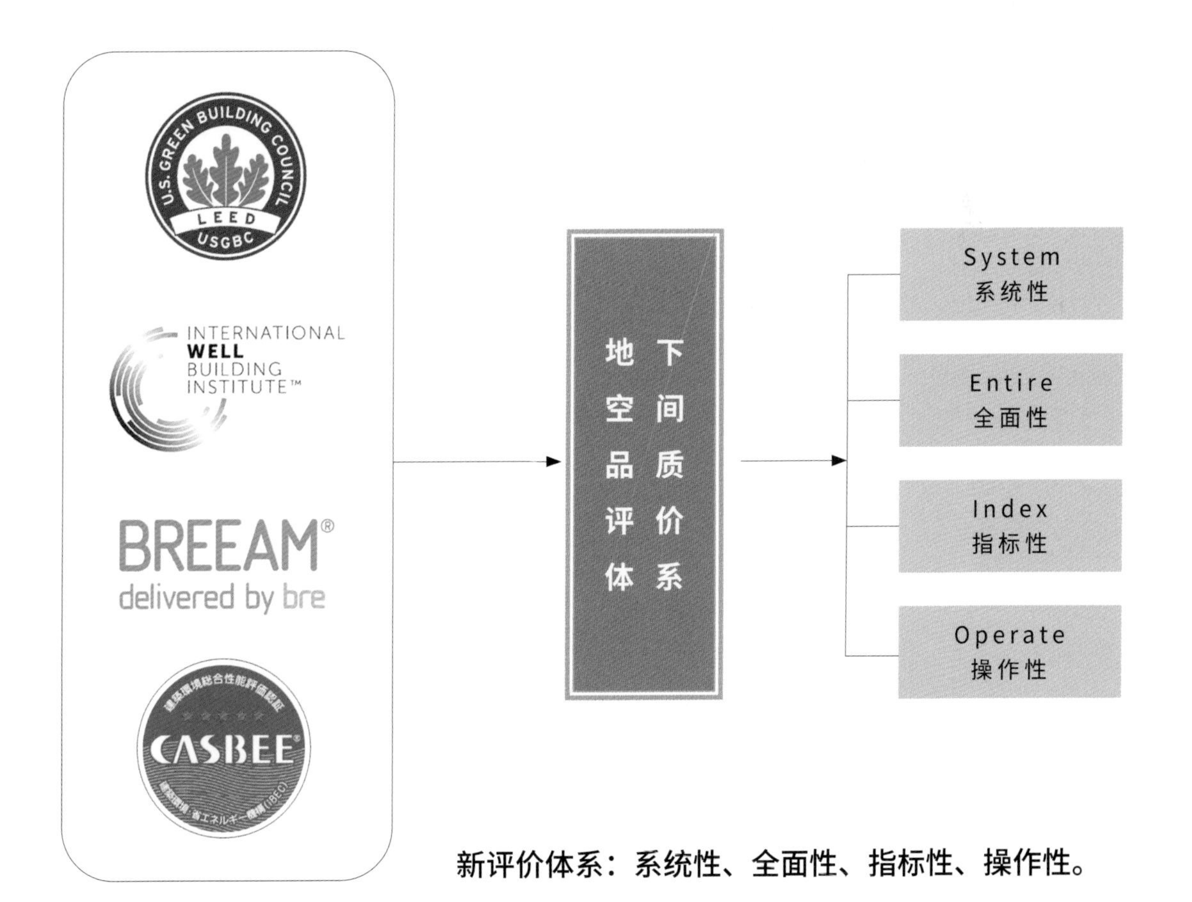

新评价体系：系统性、全面性、指标性、操作性。

1. 品质评价指标

6 大 指 标 体 系

安全指标	质量指标	功效指标	舒适指标	绿色指标	功能指标
规划设计安全前置	勘察设计	路径意向性	声环境	光照	主体功能
选址安全适宜性	主体结构	路径协调性	光环境	绿色生态	交通设施
空间布局合理性	系统结构	路径通畅性	色彩适宜	自然资源利用	供电系统
建设时序恰当性	装饰装修	系统连通性	热湿环境	场地适宜性	信号系统
岩体稳定性	可维修性	出入口合理性	空气质量	节能	通信系统
结构体系及荷载确定	鲁班奖	功能合理性	空间尺度	节材	通风空调系统
系统安全性	优质工程奖	色系导识系统	空间丰富度	节水	给排水系统
工法工艺		智能辅助	功能丰富度	能量消耗计量	消防系统
防灾及疏散		实时监控	无障碍设施	废物处理	动力照明
监测预警		智慧运维	建筑艺术	垃圾管理	物流仓储系统
应急预案			环境艺术	可持续性	医疗卫生防疫系统
			环境协调及通畅		垃圾处理系统
					安防系统
					运维系统
					应急救援系统

2. 品质评价方法

地下空间品质评价分过程评价（侧重安全和质量）、运行评价（侧重功能和体验）两个阶段。

❖ 评价方法

每大类指标按总分 100 分设置各指标分值，根据评价对象的功能不同（按地铁、综合管廊、地下人防、地下商业等分类）设置 6 大体系的权重；通过过程自评价和运行体验专家评价，评定各指标分值，按指标体系权重计算总分，折合成 100 分制得分；根据工程的创新性确定加分值（国家科学技术进步特等奖 10 分、国家技术发明一等奖 10 分、国家科学技术进步一等奖 8 分、国家技术发明二等奖 7 分、国家科学技术进步二等奖 6 分，詹天佑奖 5 分）；指标评价得分 + 科技创新加分值为最终得分（M）。

❖ 评价结果

根据总分确定等级（卓越、优秀、良好、中级及合格），评分不及格的为不达标工程，不予评价。

品质评价等级	品质评价得分（M）
卓越（五星级★★★★★）	$M \geqslant 95$
优秀（四星级★★★★）	$85 \leqslant M < 95$
良好（三星级★★★）	$75 \leqslant M < 85$
中级（二星级★★）	$65 \leqslant M < 75$
合格（一星级★）	$60 \leqslant M < 65$

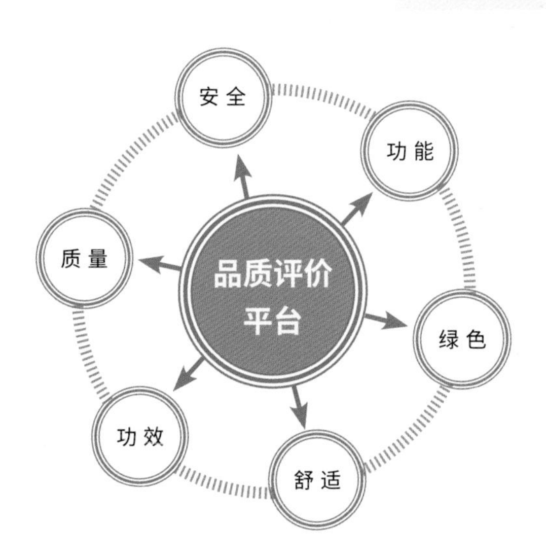

3. 品质评价平台

搭建一个从规划设计、施工、运维全过程开放的品质评价平台，依托智能手段实现对地下空间的全过程评估。指导建设绿色、智慧、人本的城市地下空间，造福人民，创造高品质、更美好的新生活。

创新创造 打造精品 世界
中国铁建
国家“863”计划、湖南省科技重大专项
中国铁建
铁建重工
中铁十四局
中铁十六局
成功研制
钢盾5号
建设单位：长沙市轨道交通集团有限公司
施工单位：中国水利水电第八工程局有限公司
DL263
DL263

07 地下工程装备

UNDERGROUND ENGINEERING EQUIPMENT

工程技术进步离不开先进装备的支撑，中国铁建重工集团股份有限公司是国内领先的地下工程装备制造商，自主研发了全断面掘进机系列产品、全工序钻爆法施工装备和矿用地下工程设备等；中国铁建所属勘察设计企业拥有先进的工程勘察装备，相继研发了深部地下精细探测和地下空间运维技术及装备。先进装备大力支撑了城市地下空间开发与利用技术水平的提升。

DEVELOPMENT AND UTILIZATION OF UNDERGROUND SPACE

07

7.1.1 全断面掘进机装备

所属中国铁建重工集团股份有限公司自主研发了适应软土到硬岩的隧道全断面掘进机系列产品，且适应从水平到垂直角度施工需求，开挖断面直径由 0.9 ～ 17.6m 拓展至 0.5 ～ 22m，断面形状涵盖圆形、矩形及马蹄形等，共 8 大系列、130 余类，其中包括国内首台敞开式 TBM、国内首台双护盾 TBM、全球首台煤矿斜井施工双模式盾构机、全球最大直径 22m 竖井掘进机等一系列先进掘进装备。通过多年创新发展，产品广泛应用于国内 30 多个省、自治区、直辖市的地铁、铁路、煤矿和水利等工程，远销俄罗斯、土耳其、韩国、印度和秘鲁等多个国家和地区，为我国隧道全断面掘进机全面国产化、打破技术垄断、实现产品由进口到批量出口的转变作出了巨大贡献。

1. 直径范围

0.5 ～ 1m

微型

1 ～ 6m

小型

6 ～ 8m

常规直径

8 ～ 15m

大直径

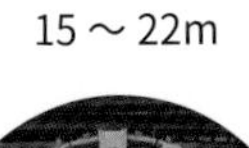

15 ～ 22m

超大直径

2. 产品类型

土压平衡盾构机
77 类

泥水平衡盾构机
21 类

岩石隧道掘进机
17 类

多模式掘进机
6 类

顶管机
5 类

竖井 / 斜井掘进机
2 类

异形断面掘进机
2 类

软岩多功能掘进机
1 类

3. 典型技术创新

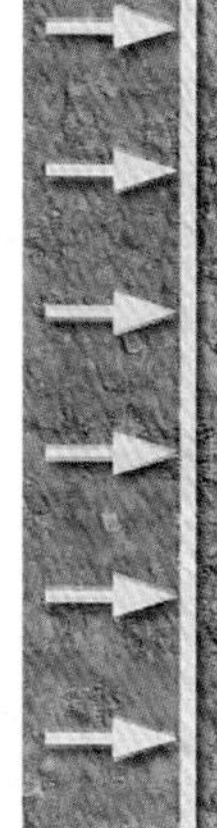

❖ 常压换刀技术

国内率先攻克盾构机常压换刀技术，实现了高水压地层盾构刀具常压（大气压）状态下更换，较传统带压换刀大幅提高效率，并降低安全风险和换刀成本。

❖ 自冷冻刀盘技术

国际首台搭载冷冻刀盘的盾构机，对刀盘及掌子面高压力区进行冷冻，形成冻土屏障，为开仓作业提供稳定、安全的作业环境。

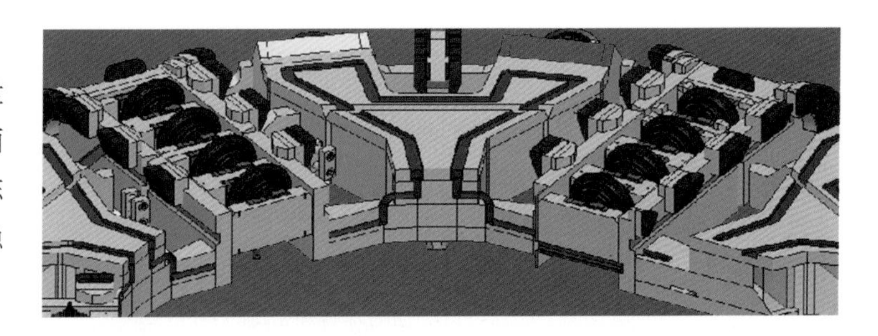

❖ 创新性驱动技术

国际首台永磁变频同步电机可实现盾构机高效节能驱动。

首台国产电液混合驱动掘进机，同等功率条件下大幅提升设备脱困能力。

❖ 钢拱架自动拼装技术

集钢拱架自动运输、抓取、拼接、移动、撑紧于一体，机械化程度高，减少人工搬运和安装，降低劳动强度，提高效率。

❖ 超大直径掘进机

研制全球首台 22m 超大直径竖井掘进机（左图）、6 台（套）15 ～ 16m 超大直径泥水平衡盾构机（右图）。

❖ 微小直径硬岩掘进机

世界最小直径硬岩 TBM，开挖直径仅 0.5m，适用岩石强度达 200MPa，具备随钻、随测、随纠功能。

❖ 插刀盾构机

适用于黄土隧道施工，具有超前支护，拟合异形断面，配套机械开挖、出渣、喷锚支护系统，具备不良地质处理功能，是一种安全、高效、经济环保的新型机械化施工方法。

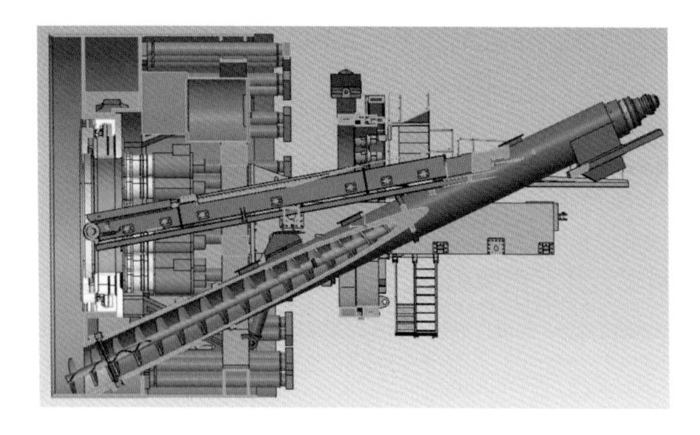

❖ 双模式掘进机

研制 20 余台（套）具备土压 / 泥水 / TBM 不同组合的双模式掘进机，集成两种掘进模式，可独立运行又可互相支持，且可实现在洞内条件下两种掘进模式的快速切换，提升了掘进机地质适应性。

推动国之重器智能制造
国家"863"计划、湖南省科技重大专项、湖南省战略性新型产业专项
铁建重工
中铁十六局
中铁十四局
成功研制
国产首台高铁大直径盾构机
国产首台铁路双线盾构机
CRCC
中国铁建
100t+100t

4. 典型工程应用

序号	工程名称	设备外观	项目特点	尺寸(m)	类型	技术创新
1	莫斯科地铁工程	莫斯科地铁第三换乘环线西南段盾构机验收	隧道全长约 4.6km，-30℃极寒环境，沉降要求严格	ϕ 6.2	土压平衡盾构机	耐 -30℃低温主驱动技术，液压泵站、变频器辅助加热技术
2	常德沅江过江公路隧道工程	常德沅江过江隧道工程盾构机验收	隧道全长1.68km，地层富含承压水，最大水土压力达 5.5 倍大气压力	ϕ 11.4	泥水平衡盾构机	常压换刀
3	吉林引松供水工程	铁建重工成功研制国产首台大直径全断面硬岩隧道掘进机（敞开式TBM）	隧道全长 22.6km，抗压强度超 200MPa，岩层不稳定、较多断裂带、岩石软硬交接	ϕ 7.9	敞开式TBM	刀盘滚刀实时在线监测技术，滚刀破岩技术
4	神华神东补连塔煤矿2 号辅运平硐工程		斜井隧道全长2.745km，5.5°连续下坡，地质复杂、单向通道	ϕ 7.6	单护盾TBM	大坡度煤矿斜井建井技术，防爆设计技术
5	兰州水源地引水工程	铁建重工 水电三局 成功研制国产首台双护盾TBM	隧道全长 14.23km，最大埋深 954m，破碎带众多、涌水突泥风险高	ϕ 5.5	双护盾TBM	双护盾 TBM 施工，化学灌浆和水泥灌浆相结合

续上表

序号	工程名称	设备外观	项目特点	尺寸(m)	类型	技术创新
6	广佛东环线工程		隧道全长6.144km，开挖断面大、水文地质条件复杂	ϕ9.1	土压/TBM双模式	盾构与TBM模式快速切换，刀盘防泥饼技术
7	深圳市滨河大道北侧污水干管工程		隧道全长3.04km，其中顶管机计划掘进约1.5km。长距离硬岩、黏土等复合地层	ϕ2.6	硬岩顶管机	长距离硬岩顶管技术，小曲线转弯技术
8	重庆下穿公路隧道工程		隧道长度千米级，下穿高速公路，无接收井，无法通过人工拆解方式进行拆机	ϕ0.72	可回退顶管机	管幕法施工技术，可回退技术
9	某地下停车场		该工程位于干旱戈壁，有直径7m和8m两种井口尺寸，井深30m	ϕ7.66	竖井掘进机	竖井建井技术，垂直出渣技术
10	深圳华为地下通道工程		大断面矩形开挖，地面建筑物密集，覆土浅、地面沉降控制难和姿态调整难	10.2×6.5	矩形顶管机	永磁驱动技术，矩形顶管技术

7.1.2 全工序钻爆法施工装备

以机械化施工、信息化管理、智能化建造、工法与装备协同创新为指导，研发了隧道施工装备、煤矿施工装备、矿山施工装备、绿色建材加工装备四大产品系列和钻爆法系列智能化技术，满足钻爆法全地质、全地域、全工序、全断面要求，助力隧道智能建造水平提升。

隧道施工工序	超前作业线		开挖作业线			出渣作业线		初期支护作业线			结构作业线				绿色作业线		
	超前预报	加固处理	开挖		装药	装渣	出渣	初喷	拱架	锚杆	仰拱及边墙	防水板	衬砌	养护	污水处理	隧道除尘	骨料加工
智能隧道装备	智能型凿岩台车+多功能钻机	智能型注浆台车	智能型凿岩台车	钻劈台车	智能型装药台车	智能型铲装机	破碎机+皮带输送机+超级电容出渣车	智能型喷射台车	智能型拱架台车	智能型锚杆台车	仰拱桥模一体台车	防水板铺设台车	混凝土灌注台车+衬砌台车	数字化养护台车	污水处理装备+混凝土搅拌站	智能型通风除尘装备	洞渣加工生产线

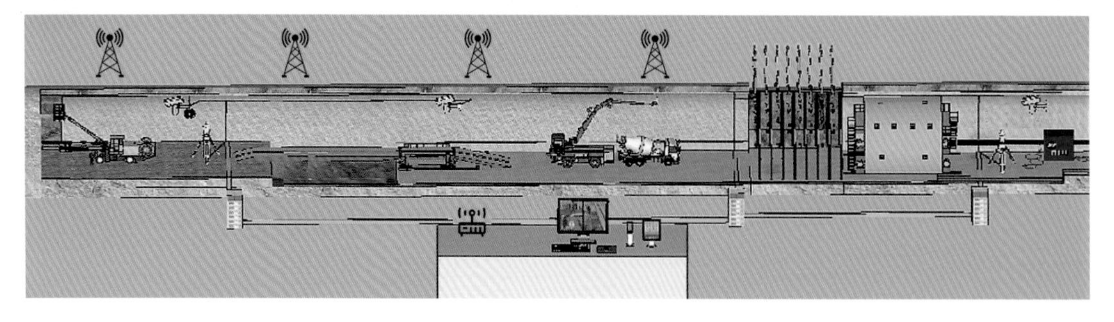

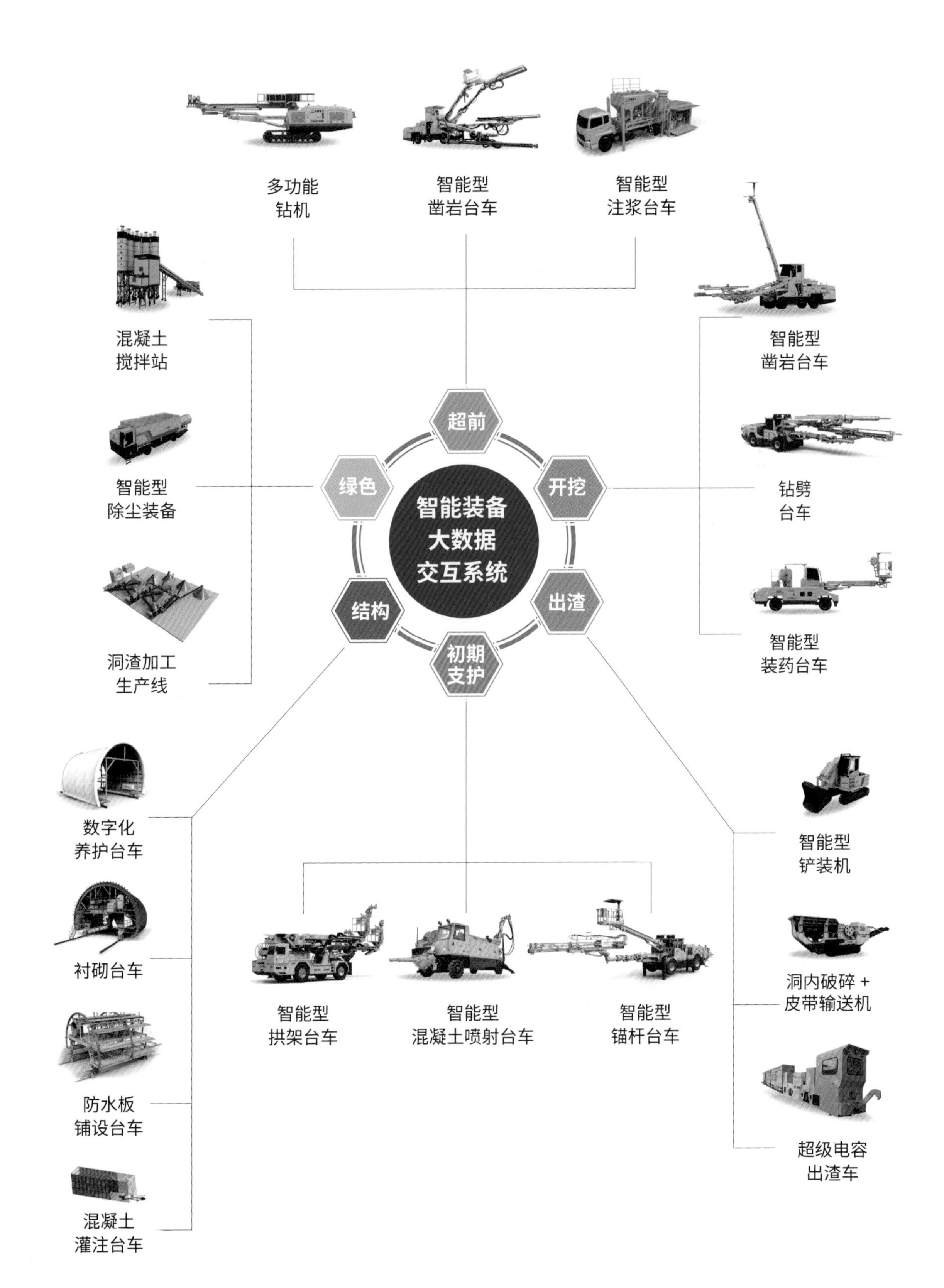

多功能
钻机
智能型
凿岩台车
智能型
注浆台车
混凝土
搅拌站
智能型
凿岩台车
智能型
除尘装备
钻劈
台车
洞渣加工
生产线
智能型
装药台车
超前
开挖
出渣
初期
支护
结构
绿色
智能装备
大数据
交互系统
数字化
养护台车
智能型
铲装机
衬砌台车
洞内破碎＋
皮带输送机
智能型
拱架台车
智能型
混凝土喷射台车
智能型
锚杆台车
防水板
铺设台车
超级电容
出渣车
混凝土
灌注台车

1. 典型技术创新

❖ 围岩参数判识与处理技术

开发了智能凿岩台车随钻系统（MWD），自动采集钻孔数据并通过图像分析自动输出围岩参数，快速判识掌子面地质情况及稳定性，同时实现施工参数优化。

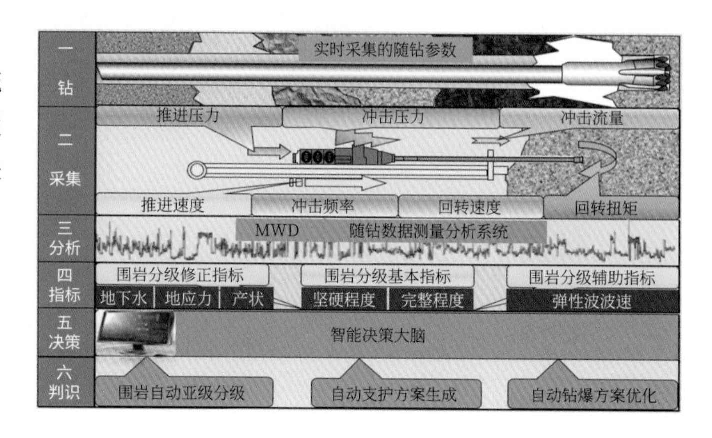

左侧区域
激光扫描光束
隧道
左侧壁
前向区域
激光扫描光束
后向
激光雷达
前向
激光雷达
隧道
右侧壁
右侧区域
激光扫描光束

❖ 三维空间定位与量测技术

通过搭建隧道 BIM 三维坐标基准体系，然后采用激光定位、坐标变换和实时位姿测控等系列技术，实现了施工装备精准定位、施工过程精准控制、工程参数精准量测和施工装备远程操控等功能。

❖ 大数据处理与共享技术

利用装备自身全通道、多物理量数据自动采集系统，集中监测、采集和反馈施工过程、施工状态、环境感知等数据，后台大数据分析和信息化管理系统进行数据处理并实时指导现场隧道装备施工。

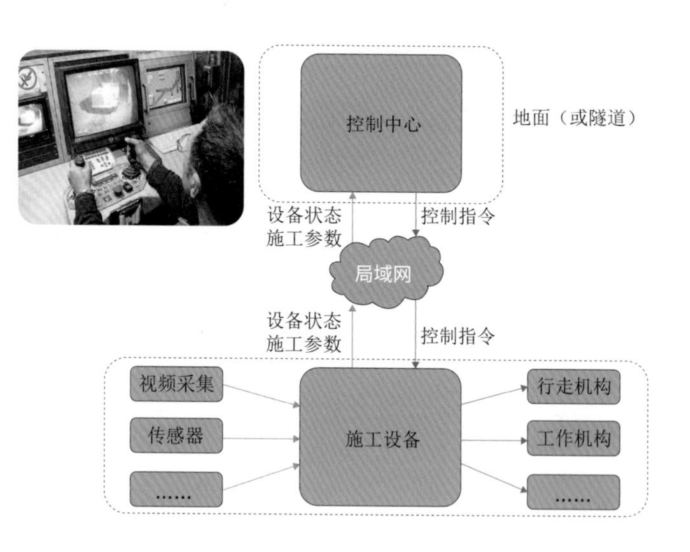

围岩智能分级样本库（X,Z）

钻进参数

推进速度X_1
推进压力X_2
冲击压力X_3
回转压力X_4
水压力X_5
水流量X_6

Z

围岩级别

输入层　隐含层　输出层

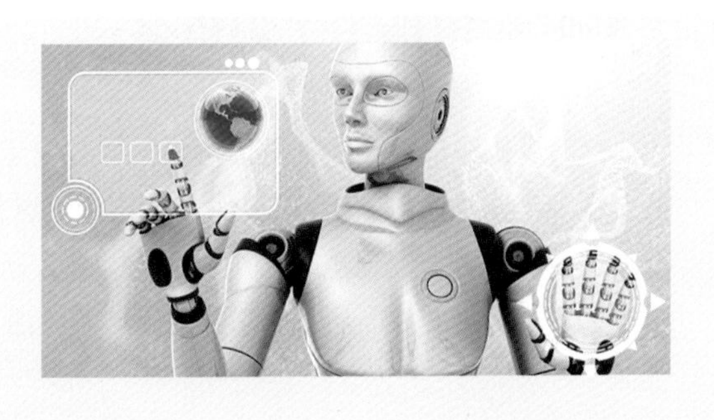

❖ 人工智能技术

应用图像识别、环境感知、数据挖掘、机器学习、智慧决策和专家系统等技术，实现装备对施工环境自感知、目标导向定位自执行、施工状态与反馈自学习、施工效果自评估、施工组织自决策和施工过程自管理等综合功能。

2. 典型工程应用

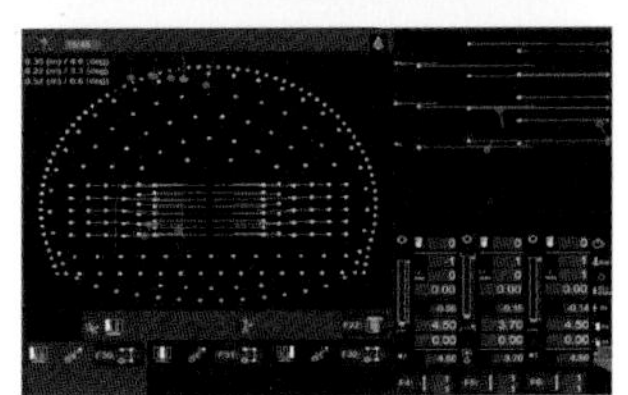

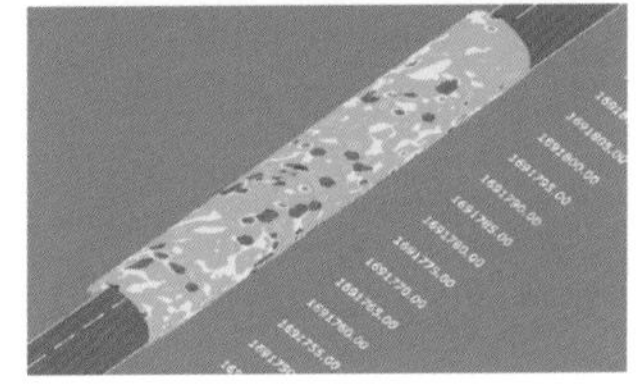

❖ 郑万高铁

参与中国国家铁路集团有限公司“高速铁路山岭隧道智能化建造技术研究”“郑万高铁大断面隧道安全快速标准化建设关键技术研究”科研课题，为郑万高铁提供钻爆法全工序隧道施工装备。

❖ 安九高铁

在安九高铁进行了智能型湿喷台车、智能型拱架台车、智能型锚杆台车、数字化衬砌台车、集中操控指挥车等隧道装备应用，检验了隧道智能化装备技术效果。

7.1.3 矿用地下工程设备

针对煤田、矿山领域的井筒建造、岩巷掘进和煤巷采掘关键作业工序，研制了全球首台煤矿用斜井TBM、全球首台护盾式掘锚机、全球首台全智能型混凝土喷射机、国内首台大断面快速掘锚成套装备等多项首台（套）产品，引领矿用领域新工法、新装备的发展。

类型	装备名称	装备特点
建井设备	全断面竖井掘进机；千米全断面竖井掘进机；全断面煤矿斜井掘进机	用于矿山竖井、斜井全断面掘进施工，主要包括矿用竖井掘进机、大坡度斜井掘进机两大类别，具有建井速度快、成井质量高、施工智能化、作业少人化/无人化的特点
岩巷设备	矿用混凝土喷射机；矿用 TBM；瓦斯抽排挖掘机；快速掘锚成套设备；煤矿用液压锚杆钻车	用于煤矿、矿山巷道快速掘进和支护施工，主要有矿用TBM、瓦斯抽排挖掘机和矿用混凝土喷射机等机型，解决了巷道开挖、支护、有害气体抽排等关键工序的安全、高效作业难题

地质勘察主要包括遥感、钻探和物探 3 种手段，中国铁建所属四家大型甲级勘察设计院，拥有一大批地质勘察装备，掌握了先进的地质勘察技术。

中铁第一勘察设计院集团有限公司在川藏铁路等复杂艰险山区铁路选线勘察中首次使用包括无人机低空遥感、航空物探勘察、超深水平定向钻探的“空、天、地”一体化勘察技术，首次应用航空物探技术和全液压水平钻机，准确查明了川藏铁路不良地质发育几何特征，实现无人区勘探，其千米级钻孔（垂直钻孔深度达 1650m、水平定向钻孔深度达 1458m）勘探技术填补国内空白；采用超声波成像测井技术，实现了井下地质构造完整精确展现，为复杂地层结构、地下水分布评价研究提供支撑。

中铁第四勘察设计院集团有限公司自主研发了智能勘测技术，该技术利用空地一体倾斜摄影、激光扫描等多源传感技术获取全要素地理数据，通过人工智能技术提取三维空间数据中的相关特征信息，实现多源数据联合建模，快速生成数字化勘测产品。

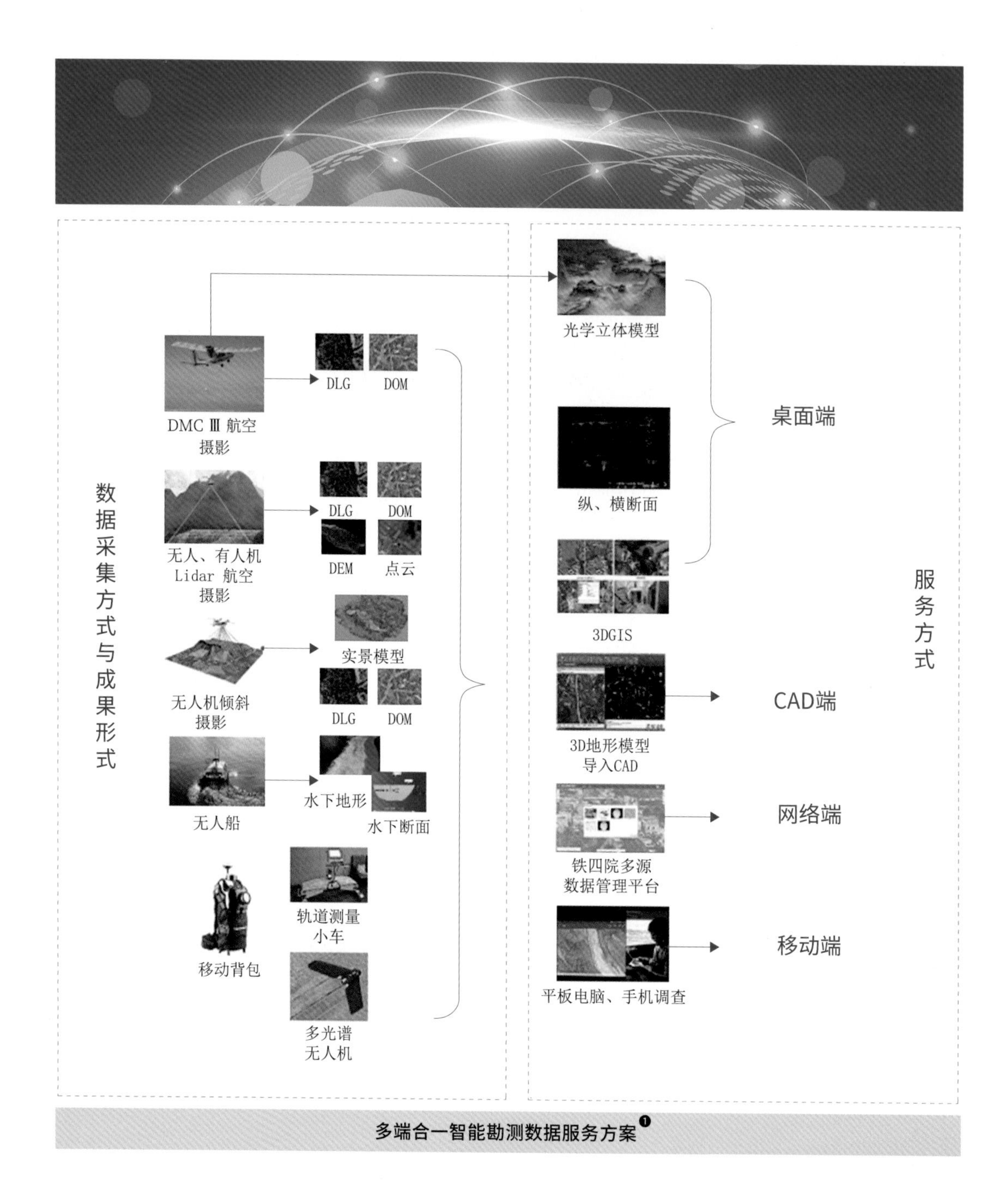

多端合一智能勘测数据服务方案[1]

❶ DLG- 数字线划地图（Digital Line Graphic）；DOM- 数字正射影像（Digital Orthophoto Map）；DEM- 数字高程模型（Digital Elevation Model）；3DGIS- 三维地理信息系统（3 Dimensional Geographic Information System）。

1. 现有主要勘察装备

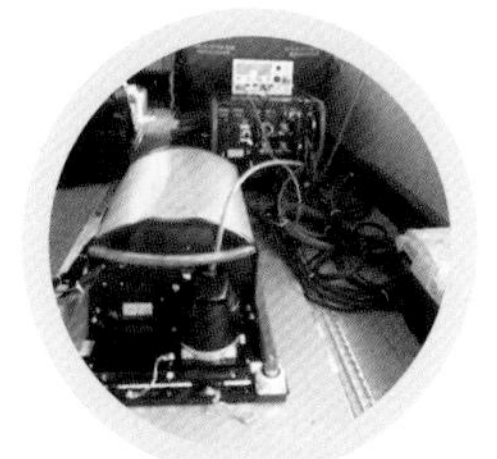

徕卡 ALS70
Lidar 系统
（1200 万像素）

DMC Ⅲ 多光谱
航空相机
（800 万像素）

AMC5100
倾斜摄影测量系统
（720 万像素）

地面
激光扫描系统
（120 万像素）

五镜头
倾斜相机
（60 万像素）

无人机
机载雷达
（200 万像素）

多旋翼
无人机
（60 万像素）

复合翼
无人机
（80 万像素）

两镜头
倾斜相机
（30 万像素）

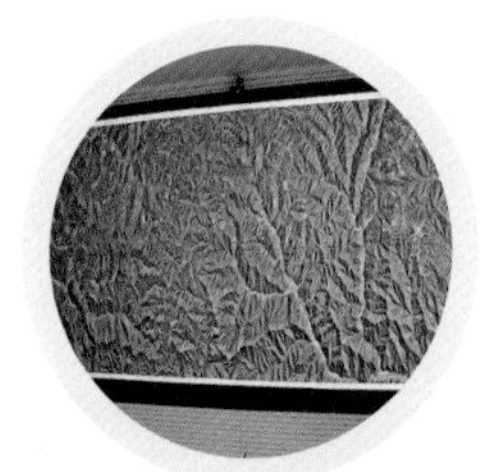

实景三维遥感
数据平台
（360 万像素）

地质钻机

井壁超声波
成像测井仪

2. 研发精细探测新装备

为实现城市地下 0 ～ 200m 深度抗干扰、高精度、全要素探测，正在研发系列精细探测装备。

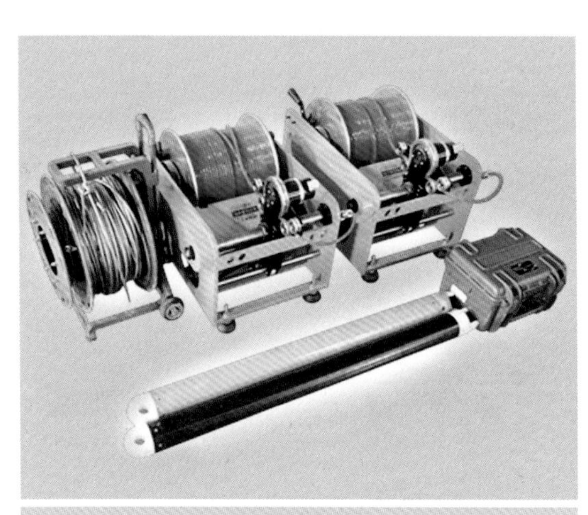

大孔距 CT

SH 横波震源设备

大深度探地雷达

高光谱岩芯探测设备

7.3 运维装备

OPERATION AND MAINTENANCE EQUIPMENT

通过国家重点研发计划“城市地下基础设施运行综合监测关键技术研究与示范”项目研究，研制网隧限一体化巡检机器人、轨道综合巡检机器人、全向巡检机器人、挂轨式巡检机器人等；通过“城市地下空间精细探测技术与开发利用研究示范”项目实施，研究深部空间人工环境营造技术、防灾减灾、安全控制标准，创新逃生疏散模式，研制安全监控与智能化运维管理平台。

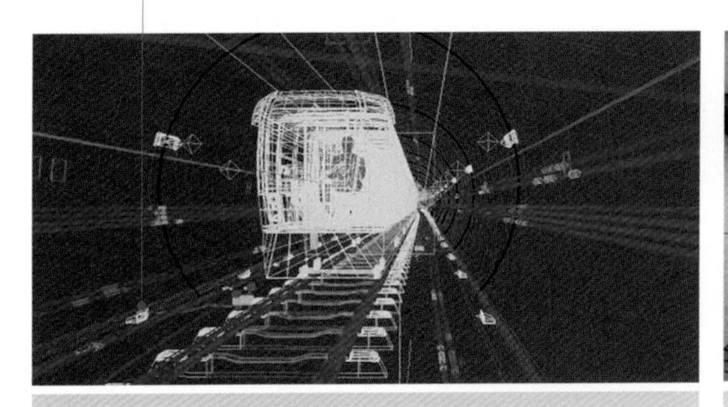

轨道综合巡检机器人

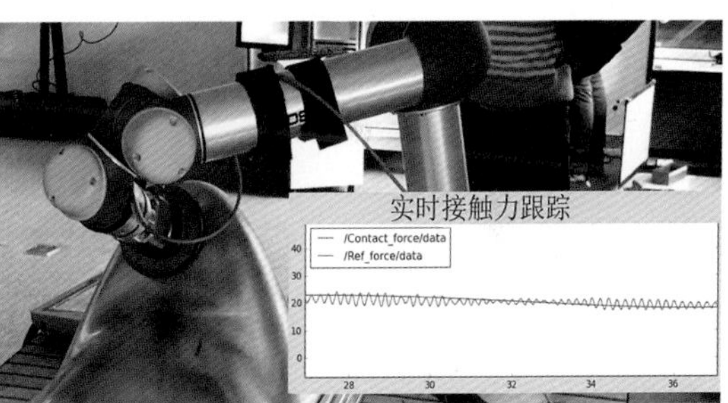

接触力跟踪器

监控中心

A座
中国铁建

08

中国铁建专注城市地下空间建造

CRCC FOCUSES ON THE CONSTRUCTION OF URBAN UNDERGROUND SPACE

中国铁建在地下工程领域创造了辉煌的业绩，取得了一批重大科技成果。“十三五”期间，中国铁建以国家重大科研项目研究为契机，站在了城市地下空间领域最前沿，对城市地下空间开发与利用进行了系统研究与布局，努力打造地下空间品牌。

DEVELOPMENT AND UTILIZATION OF UNDERGROUND SPACE

08

我们专注这一领域！

我们追求极致与美好！

我们不断铸就世界品牌！

我们永远走在创新的路上……

8.1 企业发展历程与简介

WHO WE ARE AND WHAT WE DO

中国铁建股份有限公司是原铁道兵集体转制的中央企业（简称中国铁建、英文简写 CRCC），全球 250 家最大承包商排名前三，2021 年世界 500 强企业排名第 42 位。

共和国长子——中央企业

诚信创新永恒　精品人品同在

1948 成立铁道兵，担负战时铁路运输保障、抢建抢修，参加重点国防工程建设及抗震救灾等

1984 兵改工并入铁道部，参加国家铁路建设

1989 成立中国铁道建筑总公司，政企合一，逐步走向市场

2000 脱离铁道部，归中央大型企业工委管理，以企业身份参与市场竞争，完善工程承包产业链

2003 归属国资委管理，2004 年重组原铁道部相关企业，跻身大型中央企业行列

2008 中国铁建股份有限公司分别在上海和香港上市，进一步市场化

2010 以建筑为本、相关多元、一体运营、转型升级，正向国际领先的、具有高价值创造力的跨国建筑产业集团目标迈进

鐵道兵

1. 地下空间规划设计

❖ 综合勘察设计实力

4 家大型综合甲级设计院，16 家专业设计院，设计从业人员约 16000 人，铁一院境外工程项目管理营业额 2019 年全国排名第一、铁四院工程项目管理营业额 2019 年全国排名第一。

❖ 高端人才

中国工程院院士 1 人，全国勘察设计大师 11 人。

❖ 典型业绩

参与规划了雄安新区起步区东西轴地下空间；规划设计了南京南部新城中片区地下空间；设计了我国首座高铁地下枢纽车站——广深港高铁深圳福田站，亚洲最大的城市地下综合体——武汉光谷综合体，长度亚洲第一、规模世界第一的公路隧道——秦岭终南山公路隧道等一大批重难点工程。

秦岭终南山隧道

2. 地下空间建造

❖ 建造规模

建造了我国 40% 以上的隧道及地下工程，截至 2019 年年底修建隧道总里程约 2 万 km，相当于在地球南北极间打通一座隧道，其中长度 10km 以上的隧道 100 多座。

❖ 施工业绩

修建了世界埋深最大（埋深 200m）的地铁——朝鲜平壤地铁，我国第一条地铁——北京地铁 1 号线一期工程，我国首座浅埋暗挖地铁车站——北京地铁西单站，首条海底隧道——厦门翔安海底隧道，首座高铁地下枢纽车站——广深港高铁深圳福田站，亚洲最大的城市地下综合体——武汉光谷综合体，国内最长的铁路隧道——新关角隧道，长度亚洲第一、规模世界第一的公路隧道——秦岭终南山公路隧道，国内埋深第一（埋深 2525m）、规模世界第一的水工隧洞群——锦屏二级水电站引水隧洞等一大批工程，参建的多项工程被誉为“超级工程”；正在施工目前国内规模最大的单体地下空间——南京江北新区中心区地下空间项目。

广深港高铁深圳福田站实景图

3. 地下工程装备制造

❖ 年生产能力

集研发、制造、销售、服务于一体的国内领先的施工装备制造商，共 59 条生产线，年产盾构机 / TBM 260 台、凿岩台车 300 台、混凝土喷射台车 500 台、多功能台车 500 台。

❖ 掘进机研制基地

产品系列齐全，涵盖了从 0.5m 微小直径到 16m 级超大直径盾构机 /TBM（泥水平衡盾构机最大直径 15.97m，TBM 最大直径 10.23m），直径 7m 以上 TBM 国内市场占有率 85% 以上。研制了全球首台煤矿大坡度斜井双模式 TBM，开创了煤矿建井新模式；研制了首台最大直径 22m 竖井掘进机，填补国内空白。

❖ 钻爆法全工序智能装备研制基地

开发了隧道钻爆法施工全工序、机械化、智能化系列施工装备，国内首家成功应用于郑万高铁隧道施工，智能化水平国内领先；研制了国内首台全智能三臂凿岩台车，自主研发的凿岩台车国内市场占有率 75% 以上；研制了全球首台护盾式掘锚机和智能型混凝土喷射机。

4. 地下空间运维管理

❖ 监测技术体系

构建了城市地下大空间安全监控、城市地下基础设施运行综合监测、高铁运营安全监测等技术体系，拥有专业化技术人才和队伍。

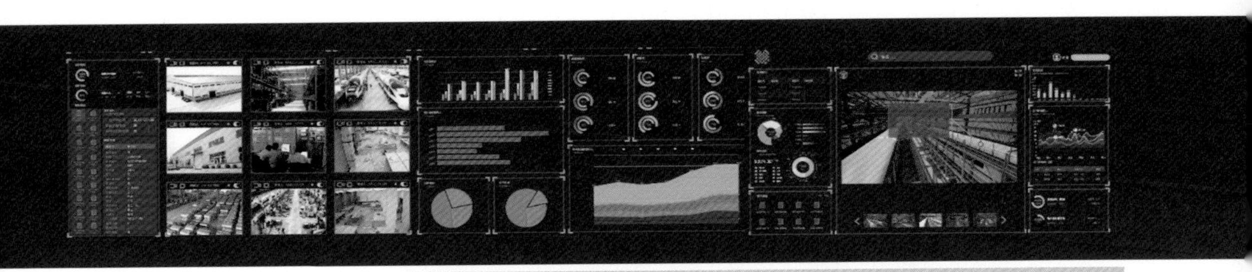

运行状态诊断及可视化智能决策系统

❖ 智慧管理平台及装备

开发了地下大空间安全施工可视化监控平台、城市地下基础设施全息感知和智能诊断平台、深部地下空间安全监控与智能化运维管理平台、地铁通风空调设备运营维护平台、高速铁路构筑物自动化变形检测系统、轨道交通工程三维可视化动态信息管理平台等；研制了智能运维系列产品与装备。

❖ 运维管理业绩

承担了一大批公路、铁路、城市轨道交通、停车场等项目运营维保任务。铁一院承担了“高速铁路接触网系统智能监测技术研究”重大专项，已完成了高铁接触网监测系统正线试验段建设，正在开展试用；铁四院承担了京沪高铁、哈齐客专等部分桥梁、路基过渡段的安全监测业务等。

❖ 技术攻关

承担国家重点研发计划“城市地下基础设施运行综合监测关键技术研究与示范”“城市地下空间精细探测技术与开发利用研究示范”项目，是轨道交通基础设施智能勘察设计、综合监测、健康维保等技术研发和智能运维系统装备研制的引领者，是城市深部空间环境保障理论与关键技术、运营安全控制理论、智能化运维方法研究和装备研制的开拓者。

5. 城市地下空间科研团队

❖ 科研团队

拥有以院士领衔、勘察设计大师等一批高端人才参与的地下空间核心创新团队，形成了稳定的产学研用协同创新机制，坚持创新、协调、绿色、开放、共享的发展理念，以高度责任感和使命感，攻坚克难，勇于创新，引领城市地下空间技术发展。

❖ 创新平台

拥有 3 个国家级重点实验室（研发中心）、20 个国家级企业技术中心。

❖ 科研项目

“十三五”期间，承担了与地下空间领域相关的国家重点研发计划项目 3 项。

序号	项目名称	项目来源	牵头单位	项目负责人
1	城市地下大空间安全施工关键技术研究	国家重点研发计划	中国铁建股份有限公司	雷升祥
2	城市地下基础设施运行综合监测关键技术研究与示范	国家重点研发计划	中铁第四勘察设计院集团有限公司	朱　丹
3	城市地下空间精细探测技术与开发利用研究示范	国家重点研发计划	中铁第四勘察设计院集团有限公司	林作忠

❖ 国家重点研发计划项目预期成果

城市地下大空间安全施工关键技术研究		
主要研究内容	1	城市地下大空间施工重大风险耦合演变机理及安全评价体系
	2	城市网络化地下空间规划设计研究
	3	城市地下空间网络化安全拓建施工技术
	4	城市地下大空间支护结构一体化安全建造技术
	5	城市地下空间施工快速装配支护技术
	6	城市地下大空间施工安全可视化自动监控系统
拟解决的科学问题	1	城市地下大空间施工重大风险耦合演变机理
	2	城市地下空间多维多期网络化拓建施工力学机理
	3	城市地下大空间一体化支护结构及装配式支护的岩土—支护相互作用机理
拟解决的关键技术问题	1	城市地下空间网络化安全拓建技术
	2	城市地下大空间支护结构一体化安全建造技术
	3	城市地下空间施工快速装配支护技术
	4	城市地下大空间施工安全智能化预警监控技术
拟形成的标准	1	城市地下大空间施工安全风险评估技术规程
	2	城市网络化地下空间规划设计技术规范
	3	城市地下空间品质评价标准
	4	城市地下空间网络化拓建工程技术规范
	5	管幕预筑结构设计规范
	6	地下空间模块化网架装配式支护施工技术规程
	7	地下空间施工安全自动监控系统技术指南

城市地下基础设施运行综合监测关键技术研究与示范		
主要研究内容	1	地下基础设施灾害作用和风险推理及决策支持研究
	2	多维度多参量自动监测及融合利用与智能辨识技术
	3	运营病害高精度智能巡检机器人技术研究
	4	运行状态全息感知与智能诊断决策系统
	5	综合监测技术指标研究及标准体系建立
	6	城市地下基础设施运行综合监测关键技术集成应用示范
拟解决的科学问题	1	城市地下基础设施多风险致灾耦合及演变机理
	2	多维度多参量高灵敏融合感知的实时监测与智能辨识方法
	3	多灾害动态影响下的智慧化评估预警与快速联动恢复机制
拟解决的关键技术问题	1	多灾害影响机理建模技术
	2	高可靠性、长寿命、高灵敏实时在线监测技术
	3	智能机器人自主高精度巡检技术
	4	多源数据关联深度解析技术
	5	智能可视化的灾后快速应急预案构建技术
拟形成的标准	1	地铁基础设施智能监测服务平台实施标准
	2	地铁区间隧道综合监测设计技术标准
	3	地铁区间隧道综合监测运行技术规程
	4	地铁轨道运营病害巡检机器人技术标准
	5	地铁自动扶梯健康监测技术标准
	6	城市地下综合体综合监测设计技术标准
	7	城市地下综合体综合监测运行技术规程

城市地下空间精细探测技术与开发利用研究示范		
主要研究内容	1	城市地下空间开发地下全要素信息精准探测技术与装备
	2	城市地下全要素信息集成与智能建模技术
	3	城市地下空间开挖与周边环境相互影响评估理论及安全控制技术
	4	城市地下空间开发建造理论和方法
	5	智能化深部空间运维和安全控制理论、设备和管理方法
拟解决的科学问题	1	城市开发作用岩土水气平衡系统演化规律
	2	城市深部地下空间开挖与周边环境相互影响机理
	3	城市深部地下空间地层——结构协同承载机制
拟解决的关键技术问题	1	城市抗干扰地球物理探测关键技术
	2	城市地下全要素耦合的高可用地质模型智能构建技术
	3	城市深部地下空间全域全时感知与动态调馈技术
	4	城市深部地下空间网络化设计施工关键技术
	5	城市深部空间环境保障、智能化运维管理与安全控制技术
拟形成的标准	1	城市深部空间勘察技术指南
	2	城市深部空间设计技术指南
	3	城市深部空间施工技术指南
	4	城市地下空间精细探测技术标准
	5	城市地下空间全要素信息集成与平台建设指南
	6	城市深部空间安全控制与防灾预警技术指南
	7	城市深部空间智能化运维管理技术指南

❖ 技术标准

编制城市地下空间全要素探测、全资源评价、规划设计、风险评估、一体化设计、网络化拓建、智能监控、智能检测与运维、品质评价等系列技术标准，填补我国城市地下空间相关技术标准空白。

❖ 专利

截至2020年5月，通过Incopat、Zlcrcc系统检索，中国铁建城市地下空间专利数量为5302件。

中国铁建城市地下空间专利	
专利申请量	5302
有效专利量	3263
PCT申请量	42
PCT授权量	13
中国专利奖	8

地下空间技术布局

UNDERGROUND SPACE TECHNOLOGY LAYOUT

1. 科研布局

面向初心不忘	面向国家战略	面向重大工程	面向融合发展	面向重大需求
地下空间开发模式研究	**深地战略**	**川藏铁路**	**新材料**	**关键装备**
◑ 单体开发模式 ◑ 网络化拓建模式 ◑ 立体交通枢纽模式 ◑ 站城一体化（TOD）模式 ◑ 地下街区（USD）模式 ◑ 地下城市开发模式 ◑ 融合开发模式	◑ 全要素探测、全资源评价、透视地球 ◑ 岩土力学理论与计算方法 ◑ 深部地下空间开挖与周边环境相互影响评估理论 ◑ 深竖井施工及装备 ◑ 深埋大跨空间结构 ◑ 智能建造关键技术及装备 ◑ 智能运维关键技术及装备 ◑ 深部空间环境保障技术	◑ 隧道掌子面无人智能化施工技术与装备 ◑ “空天地”一体化技术 ◑ 千米级钻孔勘探技术 ◑ 隧道智能超前地质预报技术 ◑ 强岩爆、软岩大变形、高地温、活动断裂带等特殊不良地质段隧道设计与施工技术 ◑ 高原隧道施工通风供氧	◑ 机制砂、混合砂混凝土、生态混凝土、高性能混凝土、混凝土添加剂、建筑废弃物再生处理与利用	◑ 隧道特种装备核心部件：大型盾构机主轴承、控制系统、主驱动密封 ◑ 隧道装备个性化定制，电动化、自动化、智能化方向发展 ◑ 航空物探技术与装备
	军民融合战略	**跨江越海通道设计、施工、运维等关键技术**	**新技术**	
	◑ 新一代防护工程与技术	**跨流域调水关键技术**	◑ BIM 技术 ◑ 装配式技术 ◑ 绿色建造技术	

2. 标准与专利布局

		标准	专利
 探	全要素探测与全资源评价 	◑ 精细探测技术标准、深部空间勘察技术标准、全要素信息集成与评价	◑ 物探技术、钻探技术、探测装备、感知技术与元器件、信息集成与处理、评价方法与理论
设	规划设计 	◑ 规划设计标准、新结构设计规范、深地空间环境设计标准、综合监测设计技术标准	◑ 规划设计理论、方法与模式，深地空间计算方法、环境影响分析理论与方法、结构体系
管	风险评估与管理 	◑ 风险评估标准、安全控制与防灾预警技术标准	◑ 风险评价理论与方法、风险管理措施
建	施工技术 	◑ 拓建技术标准、装配式快速支护施工技术标准、新工艺等技术标准	◑ 拓建理论与方法、网络化拓建技术、环境控制措施、深地施工装备、施工管理技术
监	智能监控 	◑ 监控系统技术标准、综合监测技术标准	◑ 综合监测系统、监控装备、监控方法、无线组网技术、数据处理技术与方法
运	智能检测与运维 	◑ 智能化运维管理技术标准、环境保障技术标准、运营病害巡检机器人技术标准、综合监测运行技术标准	◑ 智能化运维方法、智能检测装备、运维装备、环境保障技术、运营安全控制技术、数据处理方法与精度控制技术
评	品质评价	◑ 地下空间品质及评价标准	◑ 地下空间品质评价方法、技术、措施

内 容 提 要

本书为“城市地下空间开发与利用关键技术丛书”之一。城市地下空间开发与利用是“造福当代、惠泽千秋”的伟业。本书基于作者对城市地下空间开发的思考和国家重点研发计划项目成果，以及中国铁建多年来在城市地下空间领域的工程实践经验，结合向地球深部进军“百、千、万”战略，重点针对城市地下50m以浅及50～200m深部地下空间开发与利用，从地下空间特性及发展趋势、应用场景、开发理念、开发模式、建造技术、品质评价及科研布局等方面进行了全面系统介绍，提出了城市地下空间开发与利用系统的解决方案。

本书可供从事城市地下空间开发与利用的研究者、建设者、决策者参考，也可供高等院校相关专业的师生学习参考。

图书在版编目（CIP）数据

城市地下空间开发与利用 / 雷升祥编著 . — 北京：人民交通出版社股份有限公司，2021.6

ISBN 978-7-114-17554-1

Ⅰ . ①城…　Ⅱ . ①雷…　Ⅲ . ①城市空间—地下建筑物—开发—研究②城市空间—地下建筑物—综合利用—研究

Ⅳ . ① TU984.11

中国版本图书馆 CIP 数据核字 (2021) 第 159877 号

Chengshi Dixia Kongjian Kaifa yu Liyong

书　　名：城市地下空间开发与利用

著 作 者：雷升祥

责任编辑：谢海龙

责任校对：孙国靖　宋佳时

责任印制：张　凯

出版发行：人民交通出版社股份有限公司

地　　址：（100011）北京市朝阳区安定门外外馆斜街3号

网　　址：http：//www.ccpcl.com.cn

销售电话：（010）59757973

总 经 销：人民交通出版社股份有限公司发行部

经　　销：各地新华书店

印　　刷：北京交通印务有限公司

开　　本：787 × 1092　1/16

印　　张：13.5

字　　数：300千

版　　次：2021年6月　第1版

印　　次：2021年6月　第1次印刷

书　　号：ISBN 978-7-114-17554-1

定　　价：138.00元

（有印刷、装订质量问题的图书由本公司负责调换）